"十三五"江苏省高等学校重点教材（2019-2-175）

"十三五"高等职业教育规划教材

智能可穿戴设备 嵌入式开发

U0316726

赵航涛

张　超 ◎主编

凌寿铨

中国铁道出版社有限公司

CHINA RAILWAY PUBLISHING HOUSE CO., LTD.

内 容 简 介

本书是"十三五"江苏省高等学校重点教材（2019-2-175），依据嵌入式高级应用"可穿戴设备应用开发"课程的主要教学内容和要求，结合课程教学实际编写而成。

本书主要内容包括嵌入式高级应用、单片机硬件开发、单片机软件开发、人体健康检测、可穿戴相关传感器的原理与应用，以及物联网开发等。

本书适合作为高等职业院校移动互联、智能互联、人工智能以及电子信息大类相关专业的教材，也可作为岗位培训用书。

图书在版编目（CIP）数据

智能可穿戴设备嵌入式开发 / 赵航涛，张超，凌寿铨主编 .—北京：中国铁道出版社有限公司，2020.12（2024.12重印）
"十三五"江苏省高等学校重点教材　"十三五"高等职业教育规划教材
ISBN 978-7-113-27277-7

Ⅰ.①智… Ⅱ.①赵…②张…③凌… Ⅲ.①移动终端-智能终端-设计-高等职业教育-教材 Ⅳ.① TN87

中国版本图书馆 CIP 数据核字 (2020) 第 179790 号

书　　名：智能可穿戴设备嵌入式开发
作　　者：赵航涛　张　超　凌寿铨

策　　划：翟玉峰　　　　　　　　　　　　　编辑部电话：（010）63549458
责任编辑：祁　云
封面设计：高博越
责任校对：张玉华
责任印制：赵星辰

出版发行：中国铁道出版社有限公司（100054，北京市西城区右安门西街 8 号）
网　　址：https://www.tdpress.com/51eds
印　　刷：三河市兴达印务有限公司
版　　次：2020 年 12 月第 1 版　　2024 年 12 月第 2 次印刷
开　　本：850 mm×1 168 mm 1/16　印张：15.25　字数：378 千
书　　号：ISBN 978-7-113-27277-7
定　　价：48.00 元

前　言

　　本书是"十三五"江苏省高等学校重点教材（2019-2-175），依据嵌入式高级应用"可穿戴设备应用开发"课程的主要教学内容和要求，结合课程教学实际编写而成。学生通过本书的学习，可以掌握必备的嵌入式高级应用、单片机硬件开发、单片机软件开发、人体健康检测、可穿戴相关传感器的原理与应用、物联网开发原理与流程等知识与技能。本书在编写过程中吸收企业技术人员参与，紧密结合工作岗位，与职业岗位对接；选取的案例贴近生活、贴近学生实际；将创新理念贯彻到内容选取、编写体例等方面。

　　本书在编写时努力贯彻教学改革的有关精神，具有以下特色。

1. 突出移动互联应用技术专业的目标定位

　　智能互联设备是移动互联的最终产品，高职学生对应职业岗位有可穿戴设备应用开发工程师、智能设备电路绘图员、智能设备焊接工和装配工、智能互联应用设备的安装调试工、智能互联和智能穿戴产品销售员及售后技术支持工程师等。本书围绕智能互联应用技术专业的职业岗位，调整原来以理解嵌入式原理和实验验证为主的教学目标。基于该职业岗位对嵌入式知识和嵌入式高级应用能力的需求，确定本课程的教学目标为：让学生进一步理解嵌入式软硬件基础知识，读懂硬件电路和软件代码，深入理解传感器的数据采集原理和数据处理方法，以及所得数据的通信传输。通过可穿戴设备的开发和应用，理解物联网的工作原理和流程。帮助学生在今后的职业岗位中成为主动的智能互联设备的开发者和使用者，充分体会可穿戴设备嵌入式开发知识在智能互联设备中的使用。

2. 实现任务驱动式的项目化教学

　　本书是以可穿戴产品典型开发过程为主线编写的任务驱动模式的项目化教材。针对移动互联应用技术专业岗位所需的知识和技能，选用适合穿戴设备开发的STM8L051F3低功耗单片机作为载体，C语言作为编程语言，针对欠缺电子电路知识的智能互联专业的学生，电路板设计选用目前较流行，便于实施的电路板开发平台国产立创EDA，并将智能端APP开发、蓝牙通信等相关知识点和技能点纳入项目中。项目选择由简单到复杂，由单一到综合，逐步提高学生的专业技能。项目之间是并列关系，通过完成项目使学生的认知水平、操作技能和工作能力得到提高。每个项目分成多个任务，通过完成每个任务，最终实现项目目标。

3. 项目设计注重实用性

根据移动互联应用技术专业岗位所需的知识点和技能点，结合移动互联企业实际项目和全国职业院校技能大赛移动互联比赛题目，进行细化、整合和设计，删除烦琐的部分，增加满足专业岗位要求的内容，使项目更具有普适性，在提高学生学习兴趣的同时，提高学生的实践能力和岗位就业竞争能力。

4. 项目组织遵循产品开发规律，强化任务实践过程

本书内容结构遵循可穿戴设备嵌入式产品典型开发过程，以任务驱动的方式将理论融入教学，突出"教、学、做、评"一体的高等职业教学模式。通过构建任务描述、相关知识、任务实施、任务拓展等环节，针对不同环节采用恰当的教学方法，有意识、有步骤地将职业能力训练和职业素质养成融入实际教学实施过程中，使学生在一开始就能明确学习目标，激发其学习主动性和积极性，将项目各阶段的工作任务转化为学习任务，让学生在完成该项目的同时获得相应技能所需的知识，"做中学，学中做，边学边做"，形成理论实践一体化、项目教学和工作过程一体化、课堂与生产一体化、实践教学与培养岗位能力一体化。

5. 教学资料完整可行，操作性强

本书构建了完整的课程内容和操作体系，所提供的电路图、芯片资料、源程序、测试和调试方法都完整可行，都能在实际环境中运行通过。为了便于开展课程教学，配备完善的PPT课件和视频教程，并详细描述了具体设计步骤和开发全过程，学生参照本书可以在实训环境中制作完成相应的项目，也方便自学。

本书程序和相关资料，可以从百度网盘链接：https://pan.baidu.com/s/1tjn1PYXrp-984SqpN-TkYg（提取码：ob34）免费下载，也可发送电子邮件至710694754@qq.com免费索取。

本书建议学时为80学时，具体学时分配见下表。

项目	建议学时	项目	建议学时
项目1	12	项目4	16
项目2	16	项目5	16
项目3	16	附录A	4
总计		80	

本书由赵航涛、张超、凌寿铨任主编，杨烨、李立亚任副主编。

本书在编写过程中参考了大量的文献资料，在此向文献资料的作者和提供者致以诚挚的谢意。由于编写时间及编者水平有限，书中难免有疏漏和不妥之处，恳请广大读者批评指正。

编　者

2020年8月

目 录

项目一
设计开发光照度检测控制器

本项目将带领读者通过设计制作一个光照度检测控制器，了解嵌入式开发硬件与软件的基本原理和技术。根据高职院校学生的特点，本书中核心单片机芯片选用易于上手、功能强大、低功耗的STM8L051F3单片机，通过流水灯设计、按键控制LED灯、光照度监测器三个任务，了解STM8L051F3单片机的使用技巧和程序设计下载调试的流程。

本书所用的开发板都可以自己设计和焊接，具体的硬件电路设计制作流程可以参考相关教材。建议读者使用立创EDA的开发平台进行电路的设计与开发。立创EDA是一款在线EDA工具，是电子和电气工程师常用的PCB设计软件。从原理图设计、PCB生成、样板的打样到元器件购买等提供一条龙的指导和服务，对于初学者和非专业人士更容易上手和入门。

该项目通过实际例程讲解以及实验来帮助读者理解和使用STM8L051F3芯片。软件平台使用IAR For STM8（环境安装可参考附录A）和官方外设驱动库STM8L15x-16x-05x-AL31-L_StdPeriph_Lib（库函数开发），读者也可以通过网络购买STM8L051F3核心板和传感器模块进行学习开发。本项目用图1.1所示的STM8L051F3开发板、ST-LINK下载&仿真器进行学习。

课 件

项目一

图 1.1　STM8L051F3 可穿戴设备学习开发板

课 件

基于STM8L单片机应用基础

知识点

➤单片机的概念、特点。

➤STM8L051F3单片机的引脚。

➤STM8L051F3单片机最小系统。

➤STM8L051F3单片机的基本I/O口。

➤中断原理。

➤定时器/计数器。

➤ADC原理。

➤光照传感器。

技能点

➤识别单片机最小系统的常用元器件。

➤掌握单片机库函数开发的技巧。

➤使用IAR软件下载调试程序。

➤熟悉STM8L051F3芯片各引脚的功能特点与使用。

➤熟悉并掌握模拟量ADC转换器中断的使用方法。

➤了解光照传感器的工作原理和简单使用。

任务一　设计制作流水灯

在本任务中，首先介绍单片机的一些基本概念、STM8L051F3单片机的I/O口等内部资源与本次任务相关的知识，然后给出流水灯的硬件连接原理图、单片机STM8L051F3程序，最后介绍了STM8L051F3的使用方法和流水灯软硬件联调的方法。

任务描述

设计并制作一个流水灯的单片机控制系统，在单片机的PB3、PB4、PB5端口分别接一个发光二极管，使3个发光二极管轮流点亮，间隔时间大约为0.5 s。

相关知识

● 视频

基础知识和开发板设计讲解

一、单片机与嵌入式系统

1. 单片机

在人们的生活中，随处都可见到单片机的身影。可以毫不夸张地说，单片机已经渗透人们生活的各个领域，那么单片机到底长什么样子呢？首先来看看它的模样，图1.2所示为不同厂家生产的不同封装形式的单片机。

图 1.2　各厂家生产的单片机芯片

单片机是单片微型计算机的简称，它是把中央处理器（Central Processor Unit，CPU）、存储器、多种I/O口和中断系统、定时器/计数器、A/D转换器等电路集成在一起的超大规模集成电路，相当于一个微型计算机系统。一个单片机的典型内部结构通常包括：

中央处理器：包括运算器（算术逻辑运算单元，ALU，Arithmetic Logic Unit）、控制器和寄存器等。

存储器：包括ROM、RAM、Flash等。

接口模块：包括定时器接口、串行通信接口、A/D转换接口等。

工作支撑模块：包括电源、时钟电路、复位控制及看门狗电路等。

上述各组成部件在芯片内通过内部总线连接，传输各种控制信号及数据信息，其典型单片机内部结构框图如图1.3所示。

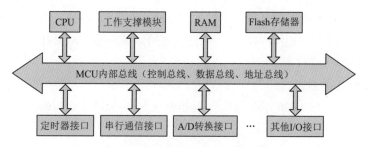

图 1.3　典型单片机内部结构框图

单片机具有功能多、性价比高、体积小、功耗低等特点，可被广泛应用在工业控制、消费电子等领域。

2. 嵌入式系统

什么是嵌入式系统？它和单片机有什么样的关系？

嵌入式系统是以应用为中心，以计算机技术为基础，软硬件可裁剪，适用于应用系统，对功能、可靠性、成本、体积、功耗有严格要求的专用计算机系统。它一般由嵌入式微处理器、外围设备、嵌入式操作系统以及用户的应用程序四部分组成，用于实现对其他设备的控制、监视或管理等功能。

凡是带有微处理器的专用软硬件系统都可以称为嵌入式系统。作为系统核心的微处理器包括三类：微控制器（MCU）、数字信号处理器（DSP）、嵌入式微处理器（MPU）。

嵌入式微控制器又称单片机，嵌入式系统虽然起源于微型计算机时代，然而，微型计算机的体积、价位、可靠性都无法满足广大用户的嵌入式应用要求，因此，嵌入式系统必须走独立发展的道路，而单片机开创了嵌入式系统独立发展的道路，单片机从体系结构到指令系统都是按照嵌入式应用的特点专门设计的。因此，单片机是嵌入式技术的一种，是发展最快、品种最多、数量最大的嵌入式系统。

嵌入式技术可应用在军事国防、工业控制、消费电子、信息家电、网络及电子商务等领域。

二、单片机的发展史

单片机诞生于1971年，经历了单片微型计算机、微控制器、单片机三大阶段。

单片微型计算机阶段简称SCM（Single Chip Microcomputer），主要是寻求最佳的单片形态嵌入式系统的最佳体系结构，奠定了单片微型计算机与通用计算机完全不同的发展道路。早期的单片微型计算机是4位或8位的，其中应用最广泛的是Intel公司的8051系列单片机。

微控制器阶段简称MCU（Micro Controller Unit），主要技术发展方向是为不断满足嵌入式应用，将各种外围电路与接口电路集成到芯片中，加强了微控制器的智能控制能力。

单片机阶段简称SOC（System On a Chip），是指以嵌入式系统为核心，以IP复用技术为基础，集软、硬件于一体，为寻求应用系统最大包容的片上系统解决方案。

三、STM8L051F3单片机概述

STMicroelectronics是一家全球性的独立半导体公司，是微电子应用领域内开发及提供半导体解决方案的领导者。STM8 系列是ST（意法半导体）公司的 8 位微控制器产品，STM8L是STM8的超低功耗系列产品，该系列产品用途非常广泛，如便捷式可穿戴产品。STM8L是基于8位的STM8核心。STM8L051F3 的整体框图如图1.4所示。

1. STM8L051F3 芯片性能介绍

STM8L051F3采用TSSOP20（20引脚）封装，运行电压为1.8~3.6 V，运行的温度范围为−40 ~ +85 ℃，主要性能如表1.1所示。

➤ 拥有 5 种低功耗模式。

➤ 高级 STM8 内核。

➤ 上电/掉电复位、低压复位、可编程电压检测。

➤ 可外接 32 kHz 和 1~16 MHz 的外部晶振、内部16 MHz 高速RC、内部 38 kHz 低速 RC、时钟安全系统。

➤ 低功耗 RTC。

➤ 8 KB Flash、256 B EEPROM、1 KB RAM。

➤ DMA 功能。

➤ 12位ADC，内部参考电压。

➤ 2个16位定时器、1个8位定时器、1个窗口看门狗、1个独立看门狗、1个Beeper。

➤ SPI、IIC、USART。

➤ 快速的编程&仿真接口 SWIM、USART 的 Bootloader。

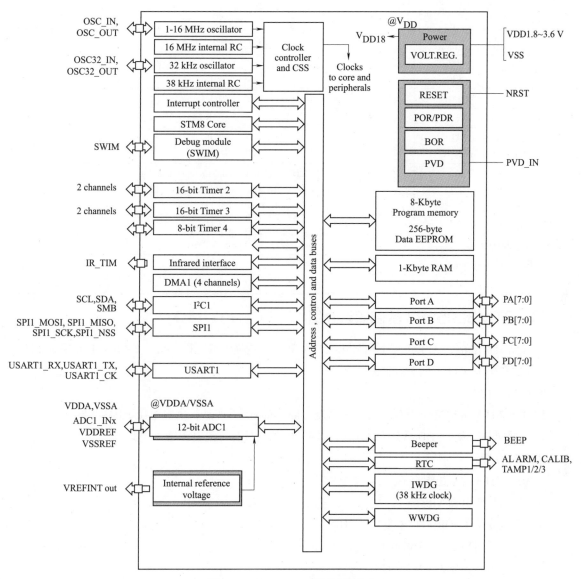

图 1.4　STM8L051F3 的整体框图

表1.1　STM8L051F3性能特征表

Features		STM8L051F3
Flash(Kbytes)		8
Data EEPROM (Bytes)		256
RAM(Kbytes)		1
Timers	Basic	1 （8位）
	General purpose	2 （16位）

续表

Features		STM8L051F3
Communicati on interfaces	SPI	1
	12C	1
	USART	1
GPIOs		18
12-bit synchronized ADC （number of channels）		1
		(10)
Others		RTC, window watchdog, independent watchdog, 16 MHz and 32 kHz internal RC, 1-to 16 MHz and 32 kHz external oscillator
CPU frequency		16 MHz
Operating voltage		1.8 ~ 3.6 V
Operating temperature		-40 ~ +85 ℃
Package		TSSOP20

四、STM8L051F3 基础知识介绍

在开始项目之前，先了解一下STM8L051F3 单片机系统中的基础部分：PWR（电源控制系统）、RST（复位系统）、CLK（时钟控制系统）。

1. PWR 介绍

STM8L051F3 在 STM8L 系列中属于低密度（low-density）产品，供电电压范围：1.8~3.6 V，供电的接口采用同一电源（VDD&VDDA&REF+接同一电源，只有一组电源输入引脚）。

2. RST介绍

STM8L051F3 的复位源有 6 个：

➢ 外部复位引脚 NRST。

➢ 上电复位（POR）/掉电复位（PDR）。

➢ 独立看门狗复位（IWDG）。

➢ 窗口看门狗复位（WWDG）。

➢ 非法操作码复位（ILLOP）。

➢ SWIM 复位。

上述复位源都作用于NRST 引脚上，复位后程序固定从地址（复位产生后指向地址）0x8000上开始重新运行。

当一个复位产生，如果这是一个由外部复位引脚引起的复位脉冲，由拉低复位到拉高释放这期间，单片机系统在重新回到指定地址执行程序之前会设置部分硬件配置。

➢ 外部复位：外部复位一般指通过外部复位引脚 NRST 产生的复位。NRST 引脚有输入和集成一个弱上拉电阻的开漏输出功能。一个外部复位需要至少产生 300 ns 的低脉冲在NRST引脚上。为了使单片机有更多可用的引脚，NRST 引脚也可配置为推挽输出模式（此时作用为PA1）。

➢ 内部复位：每个由内部复位源产生的复位都可以通过RST_SR寄存器查询到相应的标志位，

因此可以通过标志位来判断最后一个复位源。

➤ 上电复位（POR）：通常用于设备上电时复位。

➤ 独立看门狗复位（IWDG）：常用于防止程序死机。

➤ 窗口看门狗复位（WWDG）：常用于防止程序死机。

➤ SWIM 复位：用于下载&仿真。

➤ 非法操作码复位（ILLOP）：常用于防止程序死机。

内部复位使用比较多的一般是 IWDG 与 WWDG 两种，程序设计人员通常为了防止程序意外跑飞或者死机都会增加一个看门狗功能，一旦出现情况，程序将复位重新运行。

3. CLK 介绍

CLK是STM8L的时钟控制系统，STM8L 的时钟系统非常强大并使用简单，它的目的就是既保证最优的系统性同时节省功耗。为了降低功耗，用户可以管理时钟分配到 CPU 和各种外设，同时还具有无干扰、迅速的时钟切换和预分频。时钟框图如图1.5所示。

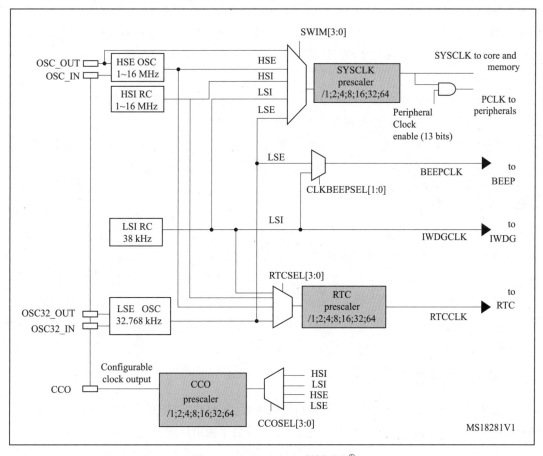

图 1.5　STM8L051F3 时钟框图 [①]

STM8L051F3 有 4 种不同的时钟源可用于驱动系统时钟：

---

① 本书中的部分图稿为软件制图（或芯片手册原图、开发板原图），其图形符号与国家标准符号不一致，二者对照关系参见附录B。

> ➤ 16 MHz 内部高速（出厂已校准）RC 时钟 HSI。
> ➤ 1~16 MHz 外部高速振荡器时钟 HSE。
> ➤ 32.768 kHz 外部低速振荡器时钟 LSE。
> ➤ 38 kHz 内部低速低功耗时钟 LSI。

每个时钟源皆可独立打开或关闭来节省功耗，每个时钟源都可经过可编程预分频之后再用于驱动系统时钟，系统复位后默认使用的时钟是 HSI/8。所有的外设时钟都是从系统时钟（SYSCLK）中派生出来的，除了以下几个：

> ➤ BEEP（蜂鸣器）时钟，使用 LSE/LSI。
> ➤ RTC 时钟，使用 LSE/LSI/HSI/HSE。
> ➤ 独立看门狗（IWDG）时钟。

当系统启动后，或者是系统复位后，系统的时钟源是 HSI/8（2 MHz），这是因为 HSI 具有稳定时间较短的优势。当系统稳定后可通过程序来实现自动切换或手动切换系统时钟，把系统时钟源切换为外部时钟源 HSE/LSE（一般切换为外部时钟源，也可切换为 LSI，如外部时钟发生故障则自动切换回 HSI/2），同时还有时钟安全系统 CSS 用于监视。STM8L051F3 还可以配置时钟输出 CCO，可以选择 4 种时钟源之一在外部 CCO 引脚输出。STM8L 还有一个外设时钟门，可以控制外设的时钟开/关。

如何改变系统时钟的频率（不改变系统时钟源）呢？系统上电时默认系统时钟源 HSI，频率为 HSI/8=2 MHz。只需要一条语句即可改变系统时钟的频率：

```
CLK_SYSCLKDivConfig(CLK_SYSCLKDiv_1);//系统时钟 1 分频(16 MHz)
CLK_SYSCLKDivConfig(CLK_SYSCLKDiv_2);//系统时钟 2 分频(8 MHz)
```

五、TTL 电平逻辑

"TTL电平"最常用于有关电类专业，如电路、数字电路、微机原理与接口技术、单片机等课程中都有所涉及。在数字电路中只有两种电平（高和低）如高电平+5 V、低电平0 V。同样运用比较广泛的还有CMOS电平、232电平、485电平等。TTL电平信号被利用的最多，是因为通常数据表示采用二进制，TTL电平信号规定，+5 V等价于逻辑"1"，0 V等价于逻辑"0"，这被称为TTL（晶体管–晶体管逻辑电平）信号系统，这是单片机处理器控制的设备内部各部分之间通信的标准技术。本课程中定义单片机为TTL电平：高为+3.3 V/5 V，低为0 V。

六、通用 I/O 端口（GPIO）

通用输入/输出端口，用于芯片与外部进行数据传输；STM8L051F3 的一个I/O端口最多可以有8个引脚（Pins），每个引脚可以独立地配置为数字输入或数字输出。此外，一些 I/O 端口可能有一些复用功能如模拟输入、外部中断、片上外设的输入/输出等，一个引脚不能同时使用多种复用功能。每个 I/O 端口都分配有1个输出数据寄存器、输入数据寄存器、数据方向寄存器，2个配置寄存器，1个 I/O 端口工作在输入或输出状态取决于数据方向寄存器。

STM8L051F3 的 GPIO 主要性能如下：

> 端口的位（引脚）能独立配置。
> 可选择的输入模式：浮空输入或上拉模式。
> 可选择的输出模式：推挽输出或伪开漏输出。
> 独立的数据输出和输出寄存器。
> 外部中断能独立地使能或禁能。
> 可控的输出速率能减少 EMC 噪声。
> 可用于片上外设复用功能的 I/O。
> 在数据输出锁存上可实现数据读出—修改—写入。
> I/O 状态在 1.6 V~VDDIOmax 下是稳定的。

GPIO 的输入/输出模式主要分为以下几种：

> 浮空输入（初始状态由外部决定）。
> 上拉输入（初始状态为VDD）。
> 开漏输出（输出高由外部控制，输出低为 VSS）。
> 推挽输出（输出高为VDD，输出低为VSS）。

为了降低功耗，没有使用的 I/O 端口的引脚应配置为以下功能之一：

> 通过外部上拉或下拉，作为浮空输入。
> 配置为内部上拉/下拉输入。
> 配置为推挽输出，输出低。

GPIO的输入/输出具体模式设置如表1.2所示。

表1.2　GPIO 的输入/输出具体模式设置

GPIO 的输入/ 输出具体模式	模式解释
GPIO_MODE_IN_FL_NO_IT	浮动输入无中断功能
GPIO_MODE_IN_PU_NO_IT	上拉输入无中断功能
GPIO_MODE_IN_FL_IT	浮动输入有中断功能
GPIO_MODE_IN_PU_IT	上拉输入有中断功能
GPIO_MODE_OUT_OD_LOW_FAST	快速开漏输出低电平
GPIO_MODE_OUT_PP_LOW_FAST	快速推挽输出低电平
GPIO_MODE_OUT_OD_LOW_SLOW	慢速开漏输出低电平
GPIO_MODE_OUT_PP_LOW_SLOW	慢速推挽输出低电平
GPIO_MODE_OUT_OD_HIZ_FAST	快速开漏输出高阻态
GPIO_MODE_OUT_PP_HIGH_FAST	快速推挽输出高电平
GPIO_MODE_OUT_OD_HIZ_SLOW	慢速开漏输出高阻态
GPIO_MODE_OUT_PP_HIGH_SLOW	慢速推挽输出高电平

STM8L51F3 的 GPIO 框图如图1.6所示。

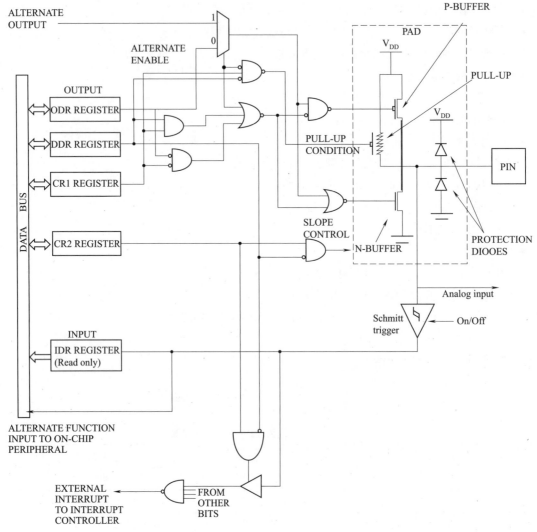

图 1.6　STM8L51F3 的 GPIO 框图

任务实施

一、硬件准备

读者设计和开发电路板时，以学习设计原理和开发技术为主，这里未考虑设备的大小和可穿戴性。开发板上集成了本书要学习的传感器的接口以及蓝牙和Wi-Fi等扩展接口插座。

1. STM8L051F3可穿戴设备开发板原理图

开发和设计的可穿戴设备硬件学习平台开发板带有SWIM下载接口（PA0）、用户LED（3个）、用户按键（1个）、复位按键（1个）、MINI_USB 供电接口、蓝牙和Wi-Fi接口、OLED显示屏接口、温湿度传感器接口等，因开发板的体积有限，为方便扩展其他设备和传感器的需要引出18个可用 GPIO以及多个电源和接地引脚。设计电路板的原理图如图1.7所示。

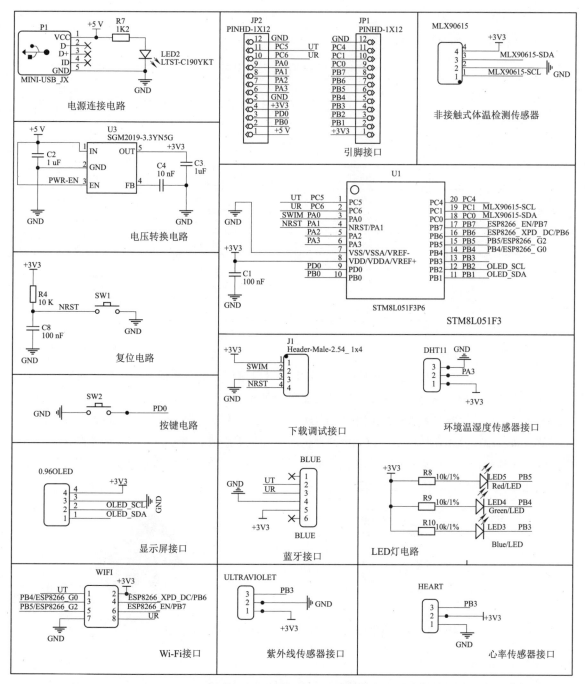

图 1.7 可穿戴设备开发板原理图

开发板包括电源模块电路、复位电路、下载调试接口电路、3个LED灯电路、环境温湿度检测传感器电路，以及蓝牙、Wi-Fi等扩展接口插座，方便连接运动传感器、人体体温传感器、紫外线传感器等相应的模块电路。

（1）STM8L系统引脚使用

在此开发板中，STM8L051F3系统引脚功能分配如表1.3所示。

表1.3　智能穿戴电路板引脚

序号	引脚名称	使用功能	序号	引脚名称	使用功能
1	PC5	TX	20	PC4	ADC1_IN4、光敏_AD
2	PC6	RX	19	PC1	MLX_SCL
3	PA0	SWIM	18	PC0	MLX_SDA
4	PA1	NREST	17	PB7	MPU_SCL
5	PA2	按键1	16	PB6	MPU_SDA
6	PA3	DHT11	15	PB5	LED3
7	GND	地	14	PB4	LED2
8	VCC	3.3 V	13	PB3	心率、LED1
9	PD0	按键2	12	PB2	OLED_SDA
10	PB0	MPU_INT	11	PB1	OLED_SCL

（2）电源模块电路

采用外部5 V电源供电，通过电源适配器与电源接口相连，由电路板上的电源转换模块转换为3.3 V电压为整个电路板供电。电源部分原理图如图1.8所示。

其中，电压转换电路采用SGM2019-3.3YN5G/TR（见图1.9），属于稳压器。稳压器是使输出电压稳定的设备。稳压器由调压电路、控制电路及伺服电动机等组成。当输入电压或负载变化时，控制电路进行采样、比较、放大，然后驱动伺服电动机转动，使调压器电刷的位置改变，通过自动调整线圈匝数比，从而保持输出电压的稳定。

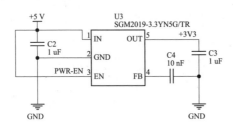

图 1.8　电源部分原理图

图 1.9　SGM2019-3.3YN5G/TR

（3）复位电路

手动按键复位电路原理图如图1.10所示。复位端经过电阻接3.3 V电压，通过电容接地，按键SW1一端接STM8L051F3的RESET引脚，另一端接地，RESER引脚是低电平复位，所以该电路具有上电后按下SW1键完成系统的复位。

（4）SWIM接口

SWIM接口是连接仿真器下载调试程序的接口，其原理图如图1.11所示。根据STM8L051F3数据手册，PA0为调试接口，所以引脚2接PA0，引脚4接PA1，引脚3接地，引脚1接电源。

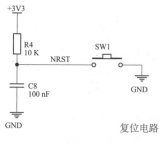

图 1.10　复位电路

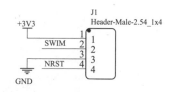

图 1.11　仿真器下载调试程序的接口

2. 根据原理图设计PCB

根据以上可穿戴设备开发板的设计原理设计开发板的PCB。原理图绘制和PCB设计过程读者可以参考电路设计相关书籍。为了方便诸多传感器的学习，没有把紫外线传感器、非接触式体温检测传感器和心率传感器等专门设计接口，而是把STM8L051F3的18个引脚全部引出，方便其他传感器的连接。最终PCB设计如图1.12所示。

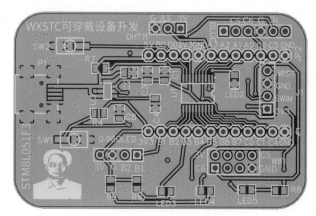

图 1.12　开发板 PCB 设计

3. 焊接电路板

准备好相应的元器件和制作好的PCB（见图1.13），按照元器件的设计布局，将元器件焊接到扩展板PCB对应位置，焊接时应遵循"先低后高、先内后外、先耐热后不耐热"的顺序焊接，焊接好的电路板如图1.14所示。具体详细细节请参考相关书籍。

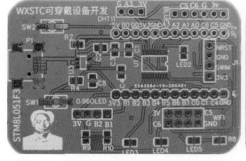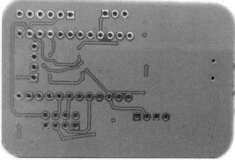

图 1.13　开发板焊接前正反面

图 1.14　焊接好的电路板

4. 下载&仿真器

本项目中采用的下载&仿真器是 ST-LINK，如图1.15所示，ST-LINK 有 SWIM 下载接口，STM8内部有一个SWIM（单线数据接口）与调试模块，使用 ST-LINK 的 SWIM 可以对STM8 进行下载&仿真调试。

硬件平台如下：

➢　实验平台：STM8L051F3 开发板。

➢　下载&仿真器：ST-LINK。

5. 硬件连接图

把焊接好的开发板和下载&仿真器ST-LINK连接，另一端接计算机的USB接口，硬件连接如图1.16所示。

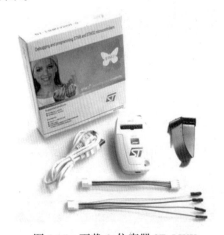

图 1.15　下载 & 仿真器 ST-LINK

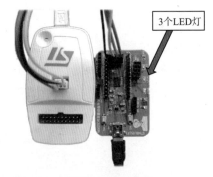

3个LED灯

图 1.16　开发平台硬件连接

· 视　频

项目建立和实现

二、软件设计

1. LED灯原理图

LED灯原理图如图1.17所示。由电路图可知，LED发光二极管左端接3.3 V电源，电阻起到保护作用，要让发光二极管亮起来必须在右端给一个低电平。

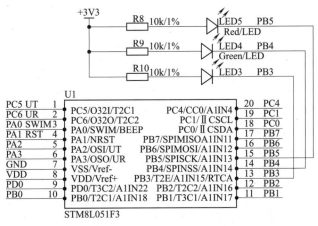

图 1.17　LED 灯原理图

从硬件连接图中可以看出，如果要让接在PB3引脚的LED3亮起来，那么只要把PB3引脚的电平变为低电平即可；相反，如果要使接在PB3引脚的LED3熄灭，只要把PB3的电平变为高电平；同理，接在PB4、PB5的其他LED4、LED5点亮和熄灭的方法与LED3相同，因此要实现流水灯的功能，只要将发光二极管LED3～LED5依次点亮、熄灭，3只LED便会一亮一暗地工作。

要特别说明的是，由于人眼的视觉暂留以及单片机执行每条指令的时间很短，在控制发光二极管亮灭的时候应该延时一段时间，即点亮后，让它延时一段时间，然后再熄灭，再延时一段时间再点亮发光二极管，依次循环。

2. 程序流程图

根据以上分析，程序编写的思路是：选用PB端口的3个引脚PB3、PB4、PB5作为输出引脚，1只引脚控制1只LED灯。设置PB3引脚为低电平，使第1只LED灯点亮，并延时一段时间，然后设置PB4引脚为低电平，使第2只LED灯点亮，并延时一段时间，最后设置PB5引脚为低电平，使第3只LED灯点亮，并延时一段时间，如果有多个LED灯，以此方法设置多个LED点亮，然后再设置PB3、PB4、PB5 3个引脚全为高电平，使3只LED灯全熄灭，这一过程就完成了流水灯从第1只LED灯到第3只LED灯的轮流点亮再一起熄灭。具体流程如图1.18所示。

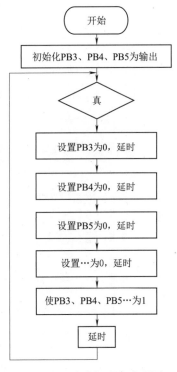

图 1.18　流水灯程序流程图

3. 编写流水灯程序

STM8L051F3编程风格与其他基于C语言的单片机编程风格相同。包括头文件、初始化函数、主函数及其他中断函数。工程的配置和建立过程见附录A，工程文件结构规划如图1.19所示。

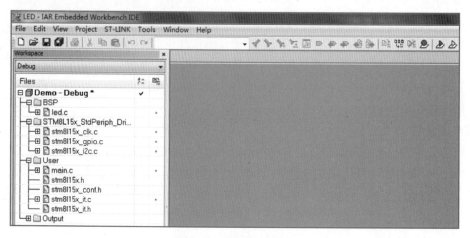

图 1.19　工程文件结构规划

其中，StdPeriph_Driver文件夹下保存系统提供的库文件相关的两个文件夹INC和SRC，Bsp文件夹下保存按键和LED灯连接引脚的初始化相关文件（led.h、led.c），User文件夹保存自己建立的文件（main.c和中断文件stm8l15x_it.c）。

项目所需导入的函数库和分组规划如图1.20所示。

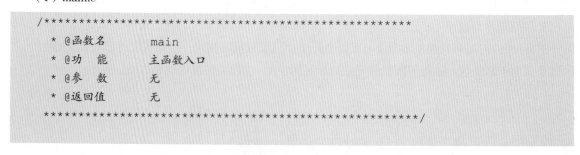

图 1.20　项目开发界面

LED灯轮流点亮主要程序如下所示：

（1）main.c

```
/**************************************************
 *  @函数名       main
 *  @功　能       主函数入口
 *  @参　数       无
 *  @返回值       无
 **************************************************/
```

```
#include "stm8l15x.h"
#include "led.h"

/* 函数声明 --*/
static void delay_ms(unsigned int ms);
void main(void)
{
  LED_Init();    //初始化LED
  while (1)
  {
  GPIO_ResetBits(LED3_GPIO_PORT, LED3_GPIO_PINS);        //低电平LED3亮
  delay_ms(300);
  GPIO_ResetBits(LED4_GPIO_PORT, LED4_GPIO_PINS);        //低电平LED4亮
  delay_ms(300);
  GPIO_ResetBits(LED5_GPIO_PORT, LED5_GPIO_PINS);        //低电平LED5亮
  delay_ms(300);
  GPIO_SetBits(LED3_GPIO_PORT, LED3_GPIO_PINS);          //高电平LED3熄灭
  GPIO_SetBits(LED4_GPIO_PORT, LED4_GPIO_PINS);          //高电平LED4熄灭
  GPIO_SetBits(LED5_GPIO_PORT, LED5_GPIO_PINS);          //高电平LED5熄灭
  delay_ms(300);
  // GPIO_ToggleBits(LED1_GPIO_PORT, LED3_GPIO_PINS);    //切换LED3状态
  // GPIO_ToggleBits(LED2_GPIO_PORT, LED4_GPIO_PINS);    //切换LED4状态
  // GPIO_ToggleBits(LED2_GPIO_PORT, LED5_GPIO_PINS);    //切换LED5状态
  // delay_ms(300);
  }
}
/***************************************
 * @函数名        delay_ms
 * @功  能        延迟X * ms
 * @参  数        ms: 延迟ms
 * @返回值        无
 ***************************************/
static void delay_ms(unsigned int ms)                      //延迟函数，ms级别
{
  unsigned int x,y;
  for(x=ms;x>0;x--)
  {
    for(y=405;y>0;y--);
  }
}
```

（2）led.h程序

```
/*******************************************
```

```
   * @文件          led.h
   * @版本          V1.0.0
   * @日期          2020-1-22
   * @摘要          led头文件
   *************************************/
/* ---------定义防止递归包含 ---------*/
#ifndef _LED_H
#define _LED_H

/* ------------包含头文件 ------------*/
#include "stm8l15x.h"
/* ---------------宏定义 --------------*/
/* 定义LED IO PORT与PIN */
#define LED3_GPIO_PORT    GPIOB
#define LED3_GPIO_PINS    GPIO_Pin_3

#define LED4_GPIO_PORT    GPIOB
#define LED4_GPIO_PINS    GPIO_Pin_4

#define LED5_GPIO_PORT    GPIOB
#define LED5_GPIO_PINS    GPIO_Pin_5
/* 函数声明-----------------------------*/
void LED_Init(void);
#endif
```

（3）led.c程序

```
/*************************************************
   * @文件          led.c
   * @版本          V1.0.0
   * @摘要          led源文件
   *************************************************/
/* ---------------包含头文件 ----------*/
#include "led.h"
void LED_Init(void)
{
 /* 配置系统时间为 HSI 时钟源 */
CLK_SYSCLKDivConfig(CLK_SYSCLKDiv_1);
 /* 初始化IO口   高速推挽输出 */
GPIO_Init(LED3_GPIO_PORT, LED3_GPIO_PINS, GPIO_Mode_Out_PP_High_Fast);
 GPIO_Init(LED4_GPIO_PORT, LED4_GPIO_PINS, GPIO_Mode_Out_PP_High_Fast);
 GPIO_Init(LED5_GPIO_PORT, LED5_GPIO_PINS, GPIO_Mode_Out_PP_High_Fast);
}
```

程序说明：

以.h结尾的文件为头文件，头文件中一般定义程序需要的变量或函数的声明等。一般头文件在源程序开始，用包含命令"#include"包含在源程序中。头文件有两类：一类是为芯片专门定义的库文件的头文件，还有一类为用户自定义的头文件。上面程序中的头文件"STM8L051F3.h"就是STM8L051F3芯片自带的库文件的头文件，基于STM8L051F3编程中，必须在源程序一开始将头文件"STM8L051F3.h"包含到源程序中。

根据硬件原理图，发光二极管LED连接PB3、PB4、PB5 3个口，程序中将3个口作了宏定义。如下所示：

```
#define LED3_GPIO_PORT    GPIOB
#define LED3_GPIO_PINS    GPIO_Pin_3
#define LED4_GPIO_PORT    GPIOB
#define LED4_GPIO_PINS    GPIO_Pin_4
#define LED5_GPIO_PORT    GPIOB
#define LED5_GPIO_PINS    GPIO_Pin_5
```

将PB端口设置为宏，在以后使用PB的地方就可以用LED3_GPIO_PORT来替代PB端口，LED3_GPIO_PINS来替代PB端口的3引脚，若实际应用中将LED换接到其他接口，程序设计中也只要将这句话中的PB改成新的接口即可，方便程序的移植。

在项目工程中为了增强程序的可移植性和可维护性，一般将一些初始化配置写入一个函数中，称为初始化函数，一个项目工程中可以有多个初始化函数，如中断初始化函数、串口初始化函数、定时器初始化函数等。本例中LED_Init()函数是LED接口初始化函数，用来配置LED对应接口的工作模式。

与普通的C语言一样，STM8L051F3程序中将main()函数作为程序的入口函数，即主函数。当程序比较大时，在主函数中一般不直接编写与程序相关的算法，而是调用其他子函数来实现程序的功能，使函数看起来简单明了且易于程序的维护。本例中主函数中调用了LED初始化函数和延时函数，实现了控制3个LED灯循环显示的功能。

Delay_ms()函数通过多次执行一条空指令，执行只是占用一条指令的执行时间，但是什么也不做。单片机编程中经常把空指令作为循环体，用于消耗CPU时间，实现延时的目的，通常把这种延时称为软件延时。

```
//****************************//
//名称: delay_ms()
//功能: 以毫秒为单位延时
//入口参数: ms
//出口参数: 无
//****************************//

void delay_ms(unsigned int  ms)
{
  unsigned int i,j;
  for(i=0;i<ms;i++)
  {
```

```
        for(j=0;j<500;j++);
    }
}
```

主程序中只要将调用延时函数语句改为delay_ms(500)，则每执行一次delay_ms(500);语句，就可约延时0.5 s。

三、软硬件联调

单片机系统的硬件调试和软件调试是不能分开的，许多硬件错误是在软件调试过程中被发现并纠正的。通常可以先排除明显的硬件错误，再和软件结合起来调试以进一步排除故障。

如果电路板由自己设计焊接，电路板焊接完后，已经静态检查了电路板质量，接下来可以使用万用表等测试仪器，检查电路中各器件及引脚是否连接正确，是否有短路故障。没有问题后，就可以开始软硬件联调。

软硬件联调中首先要用到STM8L051F3的软件开发平台IAR Embedded Workbench（简称IAR或EW）软件。

IAR是完整且容易使用的嵌入式应用开发工具，对不同的微处理器提供不同的版本，且提供统一的用户界面。用户在开发和调试过程中，仅仅使用一种开发环境界面，就可以完成多种微控制器的开发工作。IAR的安装及设置见附录A。

安装好IAR软件后，在IAR软件中编写程序，对程序进行编译，生成需要的可以下载到单片机中的文件。再将硬件连接好，然后选择菜单Projcet→Make命令，查看屏幕下方提示栏，若无编辑错误，再选择Compile命令对文件进行编译，以上两步也可以并一步进行，即直接选择Compile All命令，此时生成了可以下载到单片机中的文件，然后再选择菜单Project→Download and Debug命令，将程序下载到目标板中。再选择Debug→Go命令，即在开发板上运行程序，看到LED3、LED4、LED5亮灭实验效果，如图1.21所示。

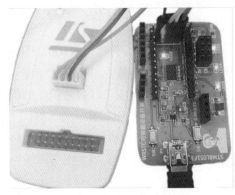

图1.21　任务一实验效果

任务拓展

前面设计了流水灯，显示样式比较单一，每个灯逐次点亮再一起熄灭，不断循环。现在希望在不修改硬件电路的基础上再增加如下新功能：

①如果有3个LED灯，写程序并在自己的电路板上调试通过，实现流水灯从第1只显示到第3只，然后再从第3只显示到第1只。期间只有1个LED是亮着的。

②写程序并在自己的电路板上调试通过，实现流水灯从第1只依次亮起到第3只，然后从第3只依次熄灭到第1只。

③写程序并在自己的电路板上调试通过，实现流水灯依次亮起到另一端，要求在显示过程中，灯显示的速度越来越快。

　**设计制作按键控制 LED 灯**

视　频

实现原理和程
序分析

在本任务中，首先介绍中断、按键、抖动等与本次任务相关的知识，接着给出制作按键控制流水灯的原理，然后给出按键控制LED灯的单片机STM8L051F3程序，最终实现软硬件联调。

任务描述

本任务介绍将 GPIO 配置为外部中断输入模式，并通过 KEY（PD0）来触发一个外部中断信号，产生中断，然后控制 LED4 的状态。实现步骤如下：

①初始化 PB4 为推挽输出模式（初始电平高）。

②初始化 KEY 为上拉输入&中断模式，并配置为下降沿触发通过键盘产生外部中断，在中断中控制LED发光二极管，当键盘按下时LED发光二极管状态取反。

相关知识

一、中断

CPU执行程序时，由于发生了某种随机的事件（外部或内部），引起CPU暂时中断正在运行的程序，转去执行一段特殊的服务程序（中断服务子程序或中断处理程序），以处理该事件，该事件处理完后又返回被中断的程序继续执行，这一过程称为中断。中断示意图如图1.22所示。

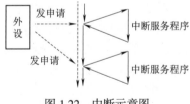

图 1.22　中断示意图

1. STM8L中断的特点

➢ STM8L的端口A、B、C、D的I/O引脚都具有外部中断能力，每一个端口都有独立的中断向量。

➢ STM8L没有专门的中断状态寄存器，所以只能通过刚进入中断就读取引脚状态寄存器（IDR）来判断。

➢ 硬件优先级由向量号确定，向量号越小，优先级越高。

➢ STM8L软件优先级设置可以分为4个等级（0~3），0等级的优先级禁止使用，实际上可设置的就3个等级：1~3优先级顺序：0<1<2<3，3的优先级最高，高优先级的中断可以打断低优先级的中断，软件优先级高于硬件优先级。

➢ 多个中断同时发生：在软件优先级相同的情况下，由硬件优先级决定谁先响应。但是硬件优先级不可打断。也就是相同软件优先级的中断，硬件优先级低的中断在执行时来一个硬件优先级高的中断是不可以打断低优先级的中断的。

➤ STM8还有个TLI外部中断，这个优先级可以打断软件优先级为3的中断，TLI的优先级不可设置。（基本就是最高级别了，除了RESET。）

2. STM8外部中断触发方式

为了产生中断，相应的GPIO端口必须被配置为中断使能的输入口。中断触发方式有以下4种：

➤ 00：下降沿和低电平触发。
➤ 01：仅上升沿触发。
➤ 10：仅下降沿触发。
➤ 11：上升沿和下降沿触发。

二、按键及其分类

按键是单片机系统中最常用的一种输入设备。按键按照结构原理可分为触点式开关按键和无触点开关按键；按照结构形式可分为独立式按键和矩阵式按键；按照接口原理可分为编码按键和非编码按键；按照读入键的方式可分为直读方式和扫描方式；按CPU响应方式可分为查询方式和中断控制方式。常见的按键如图1.23所示。

（a） （b） （c） （d） （e） （f）

图 1.23 常见的按键

常见的系统中一般都采用机械触点式按键开关，在按键按下或释放瞬间，由于机械触点弹性作用的影响，通常伴随一连串的抖动，其抖动过程如图1.24所示。

抖动时间由按键的机械特性决定，一般为5~10 ms。触点抖动期间引起的电压信号的波动，有可能使CPU误读为多次按键操作，从而形成误判。为了保证CPU对一次按键操作只确认一次按键，必须消除抖动。按键的消抖，通常有硬件和软件两种办法。

硬件消抖：通常在按键较少的情况下采用。一般采用双稳态消抖电路和滤波积分电路。RC滤波消抖电路如图1.25所示。

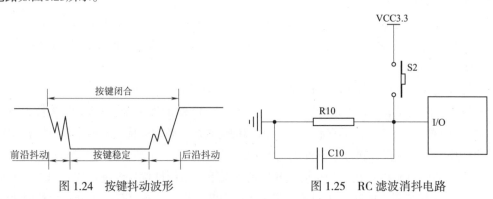

图 1.24 按键抖动波形   图 1.25 RC 滤波消抖电路

软件消抖：如果按键较多，硬件消抖无法胜任，常采用软件消抖。一般采用软件延时的方法，在第一次检测到有键按下时，执行一个10 ms左右的延时程序（具体时间应根据使用的按键情况进行调整），再确认该键是否仍保持闭合状态电平。若仍保持闭合状态电平，则确认该键处于稳定闭合状态，从而消除抖动的影响。本任务采用的是软件消抖方式。

一、硬件准备

1. 按键
本任务的开发板中选用的是图1.26所示的按键。

2. 硬件平台
本任务所需硬件平台如下：

➢ 实验平台：STM8L051F3 自行设计开发板。

➢ 下载&仿真器：ST-LINK。

开发板、下载&仿真器和任务一相同，硬件连接如图1.27所示。

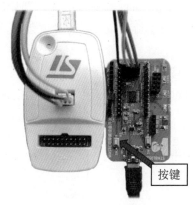

按键

图 1.26 按键　　　　　　　　　　　图 1.27 硬件连接

二、软件设计

图1.28所示为本任务开发板上的按键电路。从硬件连接图中可以看出，当按键SW2没有按下时，PD0引脚得到高电平，而当按键S2按下时，PD0引脚得到低电平，只要在程序中判断PD0是否为低电平，如果为低电平，则说明S2键是按下的，此时，设置LED4灯对应的PB4引脚为低电平，这时，LED4点亮。相反，如果PD0为高电平，则说明S2没有按下，这里设置PB4为高电平。本任务中使用软件消抖方式。

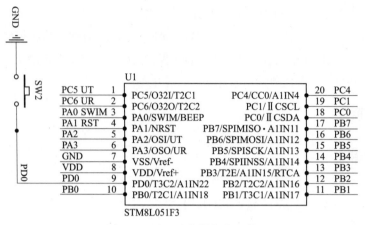

图 1.28　独立式按键硬件电路

1. 程序流程图

依据开发板按键和LED电路图，根据以上分析，得到程序编写思路，判断PD0是否为0，若为0说明对应的按键SW2按下，这时将PB4引脚设为低电平或取反，即让LED4亮的状态也取反，由于人眼视觉暂流效应，须延时一会儿。具体程序流程如图1.29所示。

2. 编写按键控制灯程序

工程的配置和建立过程见附录A，工程文件结构规划如图1.30所示。

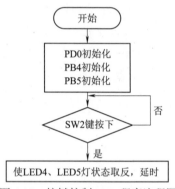

图 1.29　按键控制 LED 程序流程图

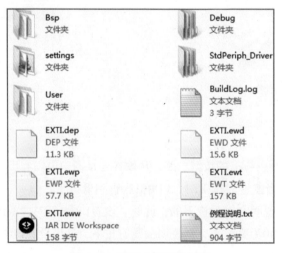

图 1.30　工程文件结构规划

其中，StdPeriph_Driver文件夹下保存系统提供的库文件相关的两个文件夹INC和SRC，Bsp文件夹保存按键和LED灯连接引脚的初始化相关文件（led.h、led.c、exti.h、exti.c），User文件夹保存自己建立的文件（main.c和中断文件stm8l15x_it.c）。

项目所需导入的函数库和分组规划如图1.31所示。

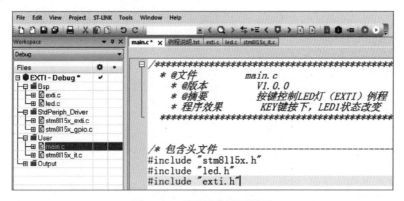

图 1.31 项目开发配置界面

（1）main.c主程序文件

```
/****************************************************
 * @文件          main.c
 * @版本          V1.0.0
 * @摘要          按键控制LED灯（EXTI）例程
 * 程序效果       KEY键按下，LED1状态改变
 ****************************************************/
 /* ------包含头文件 -----*/
#include "stm8l15x.h"
#include "led.h"
#include "exti.h"
void main(void)
{
  LED_Init();            //初始化LED1函数同以上任务设置
  EXTI_Init();           //初始化KEY
  enableInterrupts();    //开总中断

  while(1)
  {
  }
}

#ifdef  USE_FULL_ASSERT
void assert_failed(uint8_t* file, uint32_t line)
{
  while(1)
  {
  }
}
#endif
```

（2）按键设置程序头文件exti.h

```
/**************************************
 * @文件         exti.h
 * @版本         V1.0.0
 * @日期         2020-1-22
 * @摘要         exti头文件
 **************************************/
/*------- 定义防止递归包含 ----*/
#ifndef _EXTI_H
#define _EXTI_H
/* ----------包含头文件 --------*/
#include "stm8l15x.h"
/* --------宏定义 -------*/
/* 定义EXTI IO PORT与PIN */
#define KEY_GPIO_PORT (GPIOD)
#define KEY_GPIO_PINS (GPIO_Pin_0)


/* -------函数声明------*/
void EXTI_Init(void);
#endif
```

（3）按键设置程序exti.c

```
/***************************************
 * @文件         exti.c
 * @版本         V1.0.0
 * @日期         2018-1-22
 * @摘要         exti源文件
 **************************************/
/* ------包含头文件 -------*/
#include "exti.h"
/***************************************
 * @函数名       EXTI_Init
 * @功  能       初始化KEY的IO口，配置EXTI
 **************************************/
void EXTI_Init(void)
{
  //配置KEY IO口为上拉输入&中断模式，初始为高电平
  GPIO_Init(KEY_GPIO_PORT, KEY_GPIO_PINS, GPIO_Mode_In_PU_IT);
  //KEY引脚中断配置，下降沿触发
  EXTI_SetPinSensitivity(EXTI_Pin_0, EXTI_Trigger_Falling);
}
```

（4）PD0引脚相应中断接口程序（stm8l15x_it.c）

```
INTERRUPT_HANDLER(EXTI0_IRQHandler,8)
```

```
{
    //延迟消抖
    delay_ms(10);
    //松手检测
    while(GPIO_ReadInputDataBit(KEY_GPIO_PORT, KEY_GPIO_PINS) == 0);
    //切换LED1的状态
    GPIO_ToggleBits(LED4_GPIO_PORT, LED4_GPIO_PINS);    //LED4状态取反
    GPIO_ToggleBits(LED5_GPIO_PORT, LED5_GPIO_PINS);    //LED5状态取反

    //清除中断标志位
    EXTI_ClearITPendingBit(EXTI_IT_Pin0);
}
```

（5）LED1灯设置程序头文件led.h

```
/*************************************************************
 *  @文件          led.h
 *  @版本          V1.0.0
 *  @摘要          led头文件
 *************************************************************/
/* ------定义防止递归包含 ------*/
#ifndef_LED_H
#define_LED_H
/* -----包含头文件 -----*/
#include "stm8l15x.h"
/* -------宏定义 --------*/
/* 定义LED IO PORT与PIN */
#define LED4_GPIO_PORT (GPIOB)
#define LED4_GPIO_PINS (GPIO_Pin_4)
//#define LED5_GPIO_PORT (GPIOB)
//#define LED5_GPIO_PINS (GPIO_Pin_5)
/* ---------函数声明------*/
void LED_Init(void);
void delay_ms(unsigned int ms);
#endif
```

（6）LED1灯设置程序led.c

```
/*********************************************
 *  @文件          led.c
 *  @版本          V1.0.0
 *  @摘要          led源文件
 *********************************************/
/* -------包含头文件 -----*/
#include "led.h"
```

```
void LED_Init(void)
{
  /* 配置LED4 IO口为输出模式，初始状态为高*/
  GPIO_Init(LED4_GPIO_PORT, LED4_GPIO_PINS, GPIO_Mode_Out_PP_High_Fast);
  /* 配置LED5 IO口为输出模式，初始状态为高*/
  //GPIO_Init(LED5_GPIO_PORT, LED5_GPIO_PINS, GPIO_Mode_Out_PP_High_Fast);
}
void delay_ms(unsigned int ms)    //延迟函数，ms级别
{
  unsigned int x,y;
  for(x=ms;x>0;x--)
  {
    for(y=405;y>0;y--);
  }
}
```

三、软硬件联调

根据已有的电路原理图和程序代码，在IAR软件中进行程序编辑、编译、生成下载，得到正确的效果。当SW2键按下时LED4、LED5灯亮。实验效果如图1.32所示。

图1.32　任务二实验效果

任务拓展

①前面设计了按键控制LED4、LED5灯，修改按键控制LED程序，当按键SW2按下时灯LED3、LED4、LED5同时亮，当按键SW2松开后灯同时灭。

②修改①问题中按键控制LED程序，当按键SW2按下时灯LED3、LED4、LED5依次亮，当按键SW2松开后灯LED3、LED4、LED5依次灭。

任务三 光照度检测控制系统

任务描述

视 频

项目的实现原理和程序分析

在本任务中，首先介绍了传感器的相关知识，并介绍了将要用到的重要器件，即光敏传感器的硬件知识和工作原理，接下来介绍了本任务中用到的第二个知识点ADC（模/数转换器）的工作原理和使用方法，最后给出光敏传感器控制LED灯的硬件连接原理图和程序流程图，实现根据光线强弱控制LED灯的单片机STM8L051F3程序，实现软硬件联调。程序最终实现根据光敏传感器（光敏电阻）的光照检测控制LED灯装置，当光敏电阻值大于1 200 Ω时打开LED灯，当光敏电阻值小于500 Ω时，熄灭LED灯。读者也可根据光线强弱的实际情况改变这些阈值，设计出自己的光控灯装置。

相关知识

一、传感器

1. 传感器的定义

传感器是一种能感受规定的被测量并按照一定的规律转换成可用信号的器件或装置，通常由敏感元件和转换元件组成。传感器以一定的精确度把被测量转换为与之有确定对应关系的、便于应用的某种物理量的测量装置。其包含以下几个方面的含义：

①传感器是测量装置，能完成检测任务。

②它的输入量是某一被测量，可能是物理量，也可能是化学量、生物量等。

③输出量是某种物理量，这种量要便于传输、转换、处理、显示等，这种量可以是气、光、电量，但主要是电量。

④输入/输出有对应关系，且应有一定的精确度。

2. 传感器的组成

传感器一般由敏感元件、转换元件、转换电路3部分组成，如图1.33所示。

被测量 → 敏感元件 → 转换元件 → 转换电路 → 电量

图 1.33 传感器组成

①敏感元件（Sensitive Element）：直接感受被测量，并输出与被测量成确定关系的某一物理量的元件。

②转换元件（Transduction Element）：以敏感元件的输出为输入，把输入转换成电路参数。

③转换电路（Transduction Circuit）：上述电路参数接入转换电路，便可转换成电量输出。

实际上，有些传感器很简单，仅由一个敏感元件（兼作转换元件）组成，它感受被测量时直接输出电量（如热电偶）。有些传感器由敏感元件和转换元件组成，没有转换电路。有些传感器，转换元件不止一个，要经过若干次转换。

3. 传感器的分类

传感器的分类表如表1.4所示。

表1.4　传感器的分类

传感器分类		转换原理	传感器名称	典型应用
转换形式	中间参量			
电参数	电阻	移动电位器角点改变电阻	电位器传感器	位移
		改变电阻丝或片的尺寸	电阻丝应变传感器、半导体应变传感器	微应变、力、负荷
		利用电阻的光敏效应	光敏电阻传感器	光强
		利用电阻的湿度效应	湿敏电阻	湿度
	电容	改变电容的几何尺寸	电容式传感器	力、压力、负荷、位移
		改变电容的介电常数		液位、厚度、含水量
	电感	改变磁路几何尺寸、导磁体位置	电感式传感器	位移
		涡流去磁效应	涡流传感器	位移、厚度、含水量
		利用压磁效应	压磁传感器	力、压力
	频率	改变谐振回路中的固有参数	振弦式传感器	压力、力
			振筒式传感器	气压
			石英谐振传感器	力、温度等
	计数	利用莫尔条纹	光栅	大角位移、大直线位移
		改变互感	感应同步器	
		利用拾磁信号	磁栅	
	数字	利用数字编码	角度编码器	大角位移
电能量	电动势	温差电动势	热电偶	温度热流
		霍尔效应	霍尔传感器	磁通、电流
		电磁感应	磁电传感器	速度、加速度
		光电效应	光电池	光强
	电荷	辐射电离	电离室	离子计数、放射性强度
		压电效应	压电传感器	动态力、加速度

- 根据输入物理量可分为：位移传感器、压力传感器、速度传感器、温度传感器及气敏传感器等。
- 根据工作原理可分为：电阻式、电感式、电容式及电势式等。
- 根据输出信号的性质可分为：模拟式传感器和数字式传感器。即模拟式传感器输出模拟信号，数字式传感器输出数字信号。
- 根据能量转换原理可分为：有源传感器和无源传感器。有源传感器将非电量转换为电能量，如电动势、电荷式传感器等；无源传感器不起能量转换作用，只是将被测非电量转换为电参数的量，如电阻式、电感式及电容光焕发式传感器等。

二、光敏传感器

光敏传感器是各种光电检测系统中实现光电转换的关键元件，它是把光信号（红外、可见及紫外光辐射）转变成电信号的器件。其主要由光敏元件组成。目前光敏元件发展迅速、品种繁多。

光敏传感器主要有光敏电阻、光电二极管、光电三极管、红外线传感器、紫外线传感器、色彩传感器、CCD和CMOS图像传感器等，如图1.34所示。最简单的光敏传感器是光敏电阻，当光子冲击接合处就会产生电流。

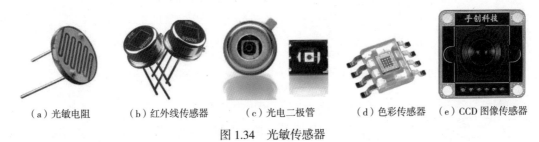

（a）光敏电阻　（b）红外线传感器　（c）光电二极管　（d）色彩传感器　（e）CCD 图像传感器

图 1.34　光敏传感器

光敏传感器应用广泛，主要应用于太阳能草坪灯、光控小夜灯、照相机、监控器、光控玩具、声光控开关、摄像头、防盗钱包、光控音乐盒、生日音乐蜡烛、人体感应灯、人体感应开关等电子产品光自动控制领域。

1. 光敏电阻

光敏电阻是利用半导体的光电导效应制成的一种电阻值随入射光的强弱而改变的电阻器，又称光电导探测器；入射光强，电阻减小，入射光弱，电阻增大。还有一种入射光弱，电阻减小，入射光强，电阻增大。

根据光敏电阻的光谱特性，可分为三种光敏电阻：紫外光敏电阻空对空、红外光敏电阻空对空、可见光光敏电阻。

（1）光敏电阻的暗电流、亮电流、光电流

暗电流：光敏电阻在室温条件下，全暗（无光照射）后经过一定时间测量的电阻值，称为暗电阻。此时在给定电压下流过的电流称为暗电流。

亮电流：光敏电阻在某一光照下的阻值，称为该光照下的亮电阻。此时在给定电压下流过的电流称为亮电流。

光电流：亮电流与暗电流之差称为光电流。光敏电阻的暗电阻越大，而亮电阻越小则性能越好。也就是说，暗电流越小，光电流越大，这样的光敏电阻的灵敏度越高。实用的光敏电阻的暗电阻往往超过 1 MΩ，甚至高达100 MΩ，而亮电阻则在几千欧以下，暗电阻与亮电阻之比在 $10^2 \sim 10^6$ 之间，可见光敏电阻的灵敏度很高。

（2）光敏电阻的光照特性

图1.35所示为CdS光敏电阻的光照特性，即在一定外加电压下，光敏电阻的光电流和光通量之间的关系。不同类型光敏电阻光照特性不同，但光照特性曲线均呈非线性。因此它不宜作定量检测元

件，这是光敏电阻的不足之处。一般在自动控制系统中用作光电开关。

（3）光敏电阻的温度特性

其性能（灵敏度、暗电阻）受温度的影响较大。随着温度的升高，其暗电阻和灵敏度下降，光谱特性曲线的峰值向波长短的方向移动。光敏电阻的温度特性如图1.36所示。有时为了提高灵敏度，或为了能够接收较长波段的辐射，将元件降温使用。例如，可利用制冷器使光敏电阻的温度降低。

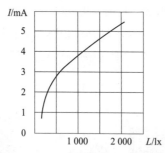
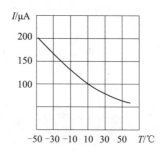

图 1.35   CdS 光敏电阻的光照特性　　　图 1.36   光敏电阻的温度特性

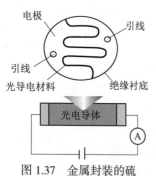

图 1.37　金属封装的硫
化镉光敏电阻结构图

（4）光敏电阻的工作原理和结构

在黑暗的环境下，光敏电阻的阻值很高；当受到光照并且光辐射能量足够大时，光导材料禁带中的电子受到能量大于其禁带宽度 ΔE_g 的光子激发，由价带越过禁带而跃迁到导带，使其导带的电子和价带的空穴增加，电阻率变小。

光敏电阻结构图如图1.37所示。管芯是一块安装在绝缘衬底上带有两个欧姆接触电极的光电导体。光电导体吸收光子而产生的光电效应，只限于光照的表面薄层，虽然产生的载流子也有少数扩散到内部去，但扩散深度有限，因此光电导体一般都做成薄层。为了获得高的灵敏度，光敏电阻的电极一般采用硫状图案。

光敏电阻具有很高的灵敏度，很好的光谱特性，光谱响应可从紫外区到红外区范围内。而且体积小、质量小、性能稳定、价格便宜，因此应用比较广泛。

2. 光电二极管

光电二极管和普通二极管相比，除它的管芯也是一个PN结、具有单向导电性能外，其他均差异很大。首先，管芯内的PN结结深比较浅（小于$1\,\mu m$），以提高光电转换能力；第二，PN结面积比较大，电极面积则很小，以有利于光敏面多收集光线；第三，光电二极管在外观上都有一个用有机玻璃透镜密封、能汇聚光线于光敏面的"窗口"；所以，光电二极管的灵敏度和响应时间远远优于光敏电阻。

三、A/D 转换器

A/D转换器即模/数转换器，或简称ADC，是指将一个模拟信号转变为数字信号的电子元器件。通常的模/数转换器是将一个输入电压信号转换为一个输出的数字信号。由于数字信号本身不具有实际意义，仅仅表示一个相对大小。故任何一个模/数转换器都需要一个参考模拟量作为转换的标准，比较常见的参考标准为最大的可转换信号大小。而输出的数字量则表示输入信号相对于参考信号的大小。

A/D转换的作用是将时间连续、幅值也连续的模拟量转换为时间离散、幅值也离散的数字信号。因此，A/D转换一般要经过采样、保持、量化及编码4个过程。

1. STM8L 051F3的ADC 简介

STM8L051F3的ADC（Analog-to-Digital Converter）可以执行在单次或连续模式，主要特点如下：

- 可配置的转换精度（最高12位）。
- 众多模拟通道。
- 两个内部通道连接到温度传感器和内部参考电压。
- 可配置单次或连续转换。
- 可预分频 ADC 时钟。
- 模拟看门狗。
- 在转换结束、看门狗或溢出时可独立产生中断。
- 多通道转换（扫描模式）。
- 数据完整性。
- DMA 功能。
- 施密特触发器禁止功能。
- 转换时间在系统时钟=16 MHz时可达1 μs。
- 电压范围在1.8~3.6 V：
  - 最大的转换率在2.4~3.6 V中获得；
  - 1.8~2.4 V时，ADC 处于低速模式；
  - 低于1.8 V时，ADC 功能无法保障。

（1）ADC 开-关控制

ADC可以设置ADC_CR1寄存器的 ADON 位上电。当 ADON 位被设置，ADC 会从掉电模式下唤醒。ADC 转换应该发生在上电唤醒后最大空闲时间前；当 ADON 位被复位，ADC将停止转换并进入掉电模式。

（2）单次转换模式

在这个模式下，在 ADC_SQRx 寄存器中只能选择一个输入通道（如果有多个通道被选择，最高的通道有效），然后ADC_SQR1寄存器的DMAOFF位必须设置（禁止DMA），输入通道转换后就会停止，转换后的值保存在 ADC_DR 数据寄存器，在转换完成之后可以产生一个（EOC）中断。两次转换的时间必须小于 ADC 最大空闲延迟（tIDLE）。

（3）连续转换模式

在这个模式下，ADC转换完成后不会停止，而是继续进入下一个所选的通道序列，转换持续到CONT位和ADON位，被设置和转换结果经过DMA发送到 RAM 或 EEPROM。只有每次所选的通道序列转换完成后 EOC 中断才会产生，每个通道转换的结果不能从 ADC_DR 寄存器中读取。为了在存储器（RAM或EEPROM）中保存每个通道的转换结果，DMA 必须使用在外设到内存模式，如果在转换过程中 CONT 位被复位，那么当前选择的通道序列在最后一个选择通道转换完后结束转换，然后

ADC 停止。

ADC还有时钟配置、模拟看门狗、中断、数据完整性、DMA 传送、分辨率配置、数据对齐、可编程的采样时间，施密特触发器、内部的温度传感器、内部的参考电压、低功耗模式、中断等内容。ADC 模块的框图如图1.38所示。

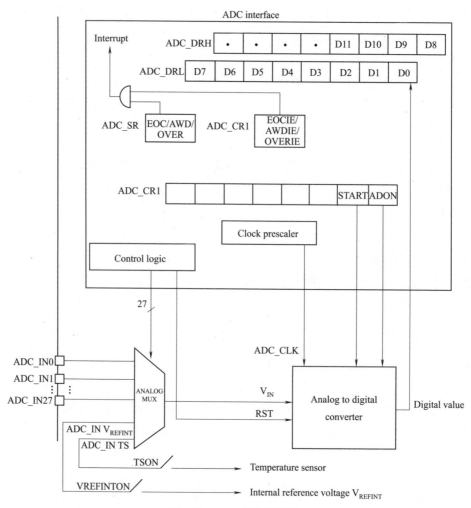

图 1.38　ADC 模块的框图

任务实施

一、硬件准备

1. 光敏传感器

上一任务讲到光敏传感器是利用光敏元件将光信号转换为电信号的传感器，它的敏感波长在可见光波长附近，包括红外线波长和紫外线波长。光敏电阻的阻值随着光照强度的变化而变化，光线越强阻值越小，光线越弱阻值越大。本任务中用到的光敏电阻传感器如图1.39所示。

图 1.39　光敏电阻传感器

2. 硬件平台

本任务所需硬件平台如下：

➢ 实验平台：STM8L051F3 自行设计开发板。

➢ 下载&仿真器：ST-LINK。

开发板、下载&仿真器和任务一相同，硬件连接图如图1.40所示。

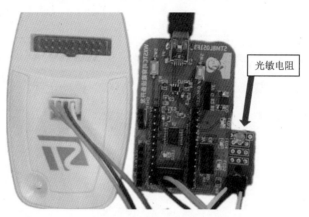

图 1.40 硬件连接图

二、光控制灯的原理

根据光敏电阻的光线越强阻值越小，光线越弱阻值越大的特性。通过ADC1读出光敏传感器的值，当光线很弱的时候让灯打开；当光线强的时候让灯关掉。电路设计如图1.41和图1.42所示，通过引脚PD0可以得到光敏传感器阻值的变化，根据光线的强弱和读到的阻值比较可以设定灯的打开和关闭。

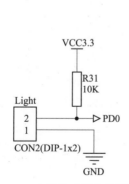

图 1.41 光敏传感器电路图

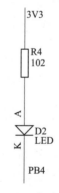

图 1.42 LED 灯电路图

三、软件设计

从硬件连接图中可以看出，当光敏传感器的阻值随着光线的强弱而变化，通过ADC1可以采集到光敏传感器的阻值，通过采集到的阻值和光线强弱的对应关系，可以确定一个阈值，比如光线较暗，此时测得的数值大于1 200时，设置LED4灯对应的PB4引脚为低电平，这时，LED1灯点亮。数值小于500时，光线还比较强，不必开灯，就设置PB4引脚为高电平，灯关闭。就实现了根据光线的强弱控制灯亮灭开关的目的。

1. STM8L051F3中ADC1 配置

配置STM8L051F3的ADC1，利用通道22（PD0）为单次转换模式，软件触发，并在单次模式下ADC1 的配置步骤为（非中断模式）：

- ➤ 打开 ADC1 外设时钟。
- ➤ 初始化 ADC1 通道 22 的 I/O 口（配置为浮空输入模式）。
- ➤ 初始化 ADC1：单次转换模式，分辨率 12 位，ADC 时钟 2 分频。
- ➤ 配置 ADC1 采样时间。
- ➤ 打开 ADC1 通道 22。
- ➤ 使能 ADC1。

ADC1 采样控制步骤如下：

- ➤ 启动 ADC1 转换。
- ➤ 等待转换结束。
- ➤ 读取 ADC1 采样值。

2. ADC1 配置函数

```
void ADC1_Config(void)
{
  //打开 ADC1 外设的时钟
  CLK_PeripheralClockConfig(CLK_Peripheral_ADC1, ENABLE);
  //配置 ADC1 的 GPIO 为浮空输入模式
  GPIO_Init(ADC_IN22_GPIO_PORT, ADC_IN22_GPIO_PINS, GPIO_Mode_In_FL_No_IT);
  //初始化 ADC1，单次转换模式，12 位分辨率，ADC 时钟 2 分频
  ADC_Init(ADC1, ADC_ConversionMode_Single, ADC_Resolution_12Bit, ADC_Prescaler_2);
  //配置 ADC 采样时间，384 个时钟周期
  ADC_SamplingTimeConfig(ADC1, ADC_Group_SlowChannels, ADC_SamplingTime_384Cycles);
  //打开 ADC1 的 22 通道
  ADC_ChannelCmd(ADC1, ADC_Channel_22, ENABLE);
  //使能 ADC1
  ADC_Cmd(ADC1, ENABLE);
}
```

3. ADC1 采样函数

```
uint16_t Read_ADC_Value(void)
{
  uint16_t temp;
  //启动一次 ADC 转换
  ADC_SoftwareStartConv(ADC1);
```

```
//等待转换结束
while(ADC_GetFlagStatus(ADC1,
ADC_FLAG_EOC)== RESET);               //读取 ADC 值
temp = ADC_GetConversionValue(ADC1);
//返回 ADC 值
return temp;
}
```

4. 光敏电阻传感器接口连接原理图

光敏电阻传感器接口连接原理图如图1.43所示。

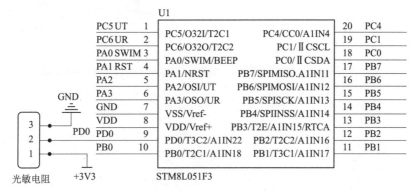

图 1.43 光敏电阻传感器接口连接原理图

从图1.43中可以看出，STM8L0510F3单片机与光敏电阻传感器通过PD0引脚连接。

5. 程序流程图

根据以上分析，得到程序编写的思路。由于光敏传感器的读取数据端口与单片机的PD0引脚连接，PD0为ADC1的22通道，根据ADC转换的功能，读取传感器阻值的变化，设定阈值控制灯的亮或灭。具体程序流程如图1.44所示。

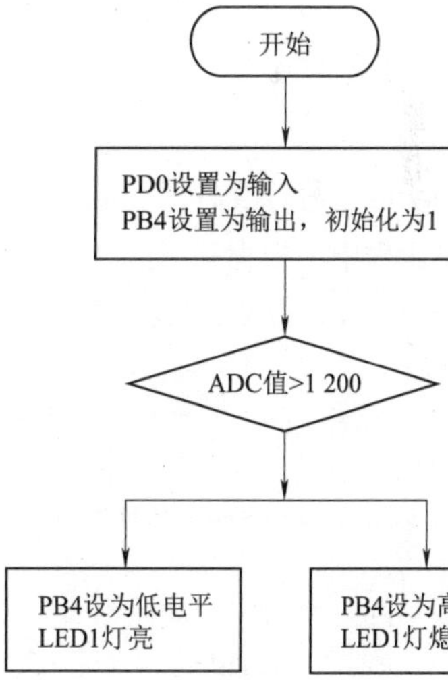

四、编写光控灯程序

工程的配置和建立过程见附录A，工程文件结构规划如图1.45所示。

其中，StdPeriph_Driver文件夹下保存系统提供的库文件相关的两个文件夹INC和SRC，Bsp文件夹保存按键和LED灯连接引脚和ADC配置的初始化相关文件（led.h、led.c、adc.h、adc.c），User文件夹保存自己建立的文件（main.c和中断文件stm8l15x_it.c）。

项目所需导入的函数库和分组规划如图1.46所示。

图 1.44 光敏传感器控制 LED 程序流程图

图 1.45　工程文件结构

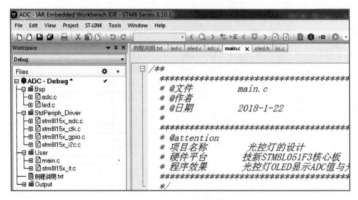

图 1.46　项目开发设置界面

1. main.c主程序文件

在主函数中，根据采样的 ADC 值来控制LED灯，主函数如下：

```
/*******************************************
 * @文件           main.c
 * 项目名称        光控灯的设计
 * 程序效果        光控灯
 *******************************************/
/* -----包含头文件 -----*/
#include "stm8l15x.h"
#include "led.h"
#include "adc.h"
/* ------函数声明 ----------*/
static void delay_ms(unsigned int ms);
void main(void)
{
 uint32_t ADC_Value;
 uint32_t Vol_Value;
```

```
  LED_Init();                                    //初始化LED
  ADC1_Config();                                 //初始化ADC
  while (1)
  {
    ADC_Value = Read_ADC_Value();                //读取ADC值
    if(ADC_Value>1200)
    {
      GPIO_ResetBits(GPIO_PORTB, LED1_GPIO_PIN_1); //低电平 LED1灯亮
    }
  }
}
/*****************************************
 * @函数名        delay_ms
 * @功    能      延迟X * ms
 * @参    数      ms：延迟ms
 * @返回值        无
 *****************************************/
static void delay_ms(unsigned int ms)            //延迟函数，MS级别
{
  unsigned int x,y;
  for(x=ms;x>0;x--)
  {
    for(y=405;y>0;y--);
  }
}
/*断言函数：它的作用是在编程的过程中为程序提供参数检查*/
#ifdef USE_FULL_ASSERT
void assert_failed(u8* file,u32 line)
{
  while(1)
  {
  }
}
#endif
```

2. adc.h文件

```
/*********************************************
 * @文件          adc.h
 * @日期          2020-1-22
 * @摘要          adc头文件
 *********************************************/
/* ---------定义防止递归包含 ------*/
#ifndef _ADC_H
#define _ADC_H
```

```
/* -------包含头文件 ------*/
#include "stm8l15x.h"
/* ------宏定义 -----*/
/* 定义ADC_IN22 IO PORT与PIN */
#define ADC_IN22_GPIO_PORT  (GPIOD)
#define ADC_IN22_GPIO_PINS  (GPIO_Pin_0)
/* -------函数声明-------*/
void ADC1_Config(void);
uint16_t Read_ADC_Value(void);
#endif
```

3. adc.c文件

```
/***********************************
 * @文件       adc.c
 * @日期       2018-1-22
 * @摘要       adc源文件
 ***********************************/
/* -------包含头文件 -------*/
#include "adc.h"
/*********************************
 * @函数名     ADC1_Config
 * @功  能     配置ADC_IN22
 * @参  数     无
 * @返回值     无
 *********************************/
void ADC1_Config(void)
{
   //打开ADC1外设的时钟
   CLK_PeripheralClockConfig(CLK_Peripheral_ADC1, ENABLE);
   //配置ADC1的GPIO为浮空输入模式
   GPIO_Init(ADC_IN22_GPIO_PORT, ADC_IN22_GPIO_PINS, GPIO_Mode_In_FL_No_IT);
   //初始化ADC1，单次转换模式，12位分辨率，ADC时钟2分频
   ADC_Init(ADC1, ADC_ConversionMode_Single, ADC_Resolution_12Bit, ADC_Prescaler_2);
   //配置ADC采样时间，384个时钟周期
   ADC_SamplingTimeConfig(ADC1, ADC_Group_SlowChannels, ADC_SamplingTime_384Cycles);
   //打开ADC1的22通道
   ADC_ChannelCmd(ADC1, ADC_Channel_22, ENABLE);
   //使能ADC1
   ADC_Cmd(ADC1, ENABLE);
}
/***************************
 * @函数名     Read_ADC_Value
 * @功  能     读取一次ADC值
 * @参  数     无
```

```
 * @返回值         ADC_Value：读取到的ADC值
***********************************/
uint16_t Read_ADC_Value(void)
{
  uint16_t temp;
  //启动一次ADC转换
  ADC_SoftwareStartConv(ADC1);
  //等待转换结束
  while(ADC_GetFlagStatus(ADC1, ADC_FLAG_EOC) == RESET);
  //读取ADC值
  temp = ADC_GetConversionValue(ADC1);
  //返回ADC值
  return temp;
}
```

五、软硬件联调

根据已有的电路原理图和程序代码，在IAR软件中进行程序编辑、编译、生成下载，得到正确的效果。读取ADC的值大于1 200，说明光照强度较弱，灯亮起。本任务实验效果如图1.47所示。

图 1.47 任务三实验效果

任务拓展

在本任务电路板上，编写一段程序实现读取光敏电阻的值大于1 200灯亮起，读取光敏电阻的值若小于500灯熄灭。

思考与问答

1.什么是单片机？什么是嵌入式系统？两者间有何关系？

2.STM8L051F3单片机有哪些特点和性能？

3.什么是中断？简述中断的工作原理。

4.利用通道22（PD0）为单次转换模式，软件触发，写出ADC1的配置步骤。

项目二
设计制作智能电子钟

● 课件

项目二

　　智能电子钟是人们日常生活中常见的也是不可缺少的生活用品，可以显示实时日期和实时时钟，在可穿戴设备中是最基本的配置。本项目将带领读者一起自己动手制作一个以STM8L单片机为核心的智能电子钟。依据从简单到复杂的学习规律，本项目分为两个任务，第一个任务设计制作字符显示器，通过液晶屏显示想要输出的字符，为第二个任务显示日期时钟信息做准备；第二个任务在第一个任务的基础上设计制作智能电子钟。

知识点

➤IIC通信原理。

➤IIC通信的基本功能与编程基础。

➤STM8L051F3 单片机TIM4定时器/计数器的工作原理。

➤OLED 显示。

➤模拟IIC通信的软件实现原理。

➤RTC的基本功能和工作原理。

技能点

➤显示屏的特点和类型。

➤IIC通信编程。

➤定时器接口模块编程。

➤模拟IIC通信的软件实现。

➤OLED 驱动显示应用。

➤RTC读取时间日历的软件编程。

任务一　设计制作字符显示器

在本任务中主要完成STM8L051F3单片机通过IIC和（又写作I2C）OLED显示屏通信，驱动OLED显示屏显示相应的字符内容。首先介绍了IIC通信和OLED显示屏的工作原理，以及它们的工作时序等在本任务中用到的相关知识，给出了项目的开发原理和程序流程图。硬件开发平台与以上任务相同，最后给出OLED显示"WXSTC"字符的单片机STM8L051F3程序，最终实现软硬件联调。

任务描述

在之前设计的开发板上，加上OLED显示屏器件，编写完成STM8L051F3单片机程序，通过IIC和OLED显示屏通信，驱动OLED显示屏，并在OLED显示屏上显示"WXSTC"字符。

相关知识

一、IIC 基础知识

1. IIC串行总线概述

IIC总线是Philips公司推出的一种串行总线，是具备多主机系统所需的总线裁决和高低速器件同步功能的高性能串行总线。IIC总线只有两根双向信号线。一根是数据线SDA，另一根是时钟线SCL，如图2.1所示。

视频 ●┄┄┄

项目的实现原理与相关知识
●┄┄┄┄┄

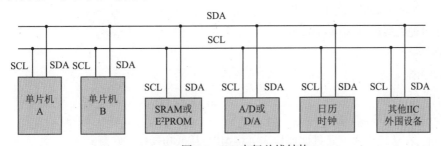

图 2.1　IIC 串行总线结构

每个接到IIC总线上的器件都有唯一的地址。主机与其他器件间的数据传送可以是由主机发送数据到其他器件，这时主机即为发送器，总线上接收数据的器件则为接收器。

在多主机系统中，可能同时有几个主机企图启动总线传送数据。为了避免混乱，IIC总线要通过总线仲裁，以决定由哪一台主机控制总线。

2. IIC的性能特点和结构

STM8L051F3的IIC 拥有提供多主机功能，可以控制特定的IIC 总线序列、协议、仲裁和时间管理，支持标准和快速模式，可用于各种应用上，如 CRC生成和验证、SMBus（系统管理总线）和PMBus（电源管理总线）。STM8L051F3 的 IIC的主要特点如下：

➢　并行总线/IIC 协议转换器。

- ➢ 多主机功能：同一个接口可作为主机或从机。
- ➢ IIC 主机特点：
  - 时钟生成；
  - 起始和停止条件生成。
- ➢ IIC 从机特点：
  - 可编程的 IIC 地址检测；
  - 停止位检测；
  - IIC 双重寻址能力，可拥有两个 IIC 地址。
- ➢ 7 位/10 位和一般呼叫地址生成和检测。
- ➢ 支持不同的通信速度：
  - 标准速度（100 kHz）；
  - 快速（400 kHz）。
- ➢ 状态标志：
  - 发送和接收模式标志；
  - 发送字节结束标志；
  - IIC 忙标志。
- ➢ 错误标志：
  - 主模式仲裁条件丢失；
  - 在地址/数据发送后应答失败；
  - 检测到错误的起始或停止条件；
  - 禁止时钟延展的 Overrun/underrun。
- ➢ 3 种类型中断：
  - 通信中断；
  - 错误条件中断；
  - 从停机模式下唤醒中断。
- ➢ 唤醒功能：在从机模式下通过地址检测可将 MCU 从低功耗模式唤醒。
- ➢ 可选择的时钟延展。
- ➢ 在 DMA 功能下的 1 字节缓冲器。
- ➢ 可配置的 PEC（数据表错误检测）产生或验证：
  - PEC 的值能在发送模式下作为最后 1 字节发送；
  - 在接收到的最后 1 字节 PEC 错误检测。
- ➢ 兼容 SMBus 2.0：
  - 25 ms 时钟拉低超时延迟；
  - 10 ms 主机积累时钟拉低延展时间；
  - 25 ms 从机积累时钟拉低延展时间；
  - 硬件 PEC 生成/验证和应答控制；

- 支持地址分辨协议（ARP）。

➤ PMBus 能力。

IIC 结构框图如图2.2所示。

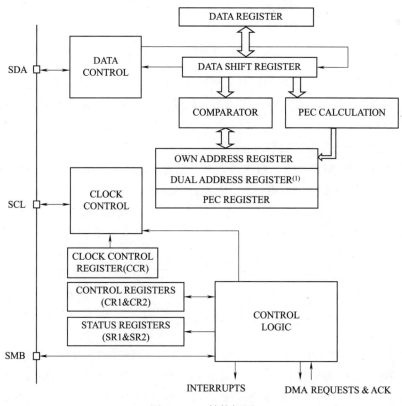

图 2.2　IIC 结构框图

3. IIC总线的数据传送

（1）数据位的有效性规定

IIC总线进行数据传送时，时钟信号为高电平期间，数据线上的数据必须保持稳定，只有在时钟线上的信号为低电平期间，数据线上的高电平或低电平状态才允许变化，如图2.3所示。

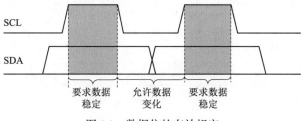

图 2.3　数据位的有效规定

（2）起始和终止信号

SCL线为高电平期间，SDA线由高电平向低电平的变化表示起始信号；SCL线为高电平期间，SDA线由低电平向高电平的变化表示终止信号，如图2.4所示。

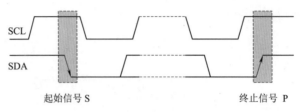

图 2.4 起始和终止信号

起始和终止信号都是由主机发出的，在起始信号产生后，总线就处于被占用的状态；在终止信号产生后，总线就处于空闲状态。连接到IIC总线上的器件，若具有IIC总线的硬件接口，则很容易检测到起始和终止信号。

（3）数据传送格式——字节传送与应答

每一个字节必须保证是8位长度。数据传送时，先传送最高位（MSB），每一个被传送的字节后面都必须跟随一位应答位（即一帧共有9位），如图2.5所示。

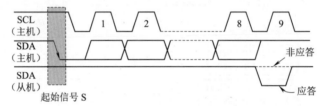

图 2.5 字节传送与应答

由于某种原因从机不对主机寻址信号应答时（如从机正在进行实时性的处理工作而无法接收总线上的数据），它必须将数据线置于高电平，而由主机产生一个终止信号以结束总线的数据传送。

如果从机对主机进行了应答，但在数据传送一段时间后无法继续接收更多的数据时，从机可以通过对无法接收的第一个数据字节的"非应答"通知主机，主机则应发出终止信号以结束数据的继续传送。

当主机接收数据时，它收到最后一个数据字节后，必须向从机发出一个结束传送的信号。这个信号是由对从机的"非应答"来实现的。然后，从机释放SDA线，以允许主机产生终止信号。

（4）数据传送格式——总线的寻址

IIC总线协议有明确规定：采用7位寻址字节（寻址字节是起始信号后的第一个字节）。寻址字节的位定义如图2.6所示。

图 2.6 寻址字节的位定义

D7～D1位组成从机的地址。D0位是数据传送方向位，为"0"时表示主机向从机写数据；为"1"时表示主机由从机读数据。

主机发送地址时，总线上的每个从机都将这7位地址码与自己的地址进行比较，如果相同，则认为自己正被主机寻址，根据R/T位将自己确定为发送器或接收器。

从机的地址由固定部分和可编程部分组成。在一个系统中可能希望接入多个相同的从机，从机地址中可编程部分决定了可接入总线该类器件的最大数目。如一个从机的7位寻址位有4位是固定位、3位是可编程位，这时仅能寻址8个同样的器件，即可以有8个同样的器件接入到该IIC总线系统中。

（5）数据帧格式

IIC总线上传送的数据信号是广义的，既包括地址信号，又包括真正的数据信号。在起始信号后必须传送一个从机的地址（7位），第8位是数据的传送方向位（R/T），用“0”表示主机发送数据（T），“1”表示主机接收数据（R）。每次数据传送总是由主机产生的终止信号结束。但是，若主机希望继续占用总线进行新的数据传送，则可以不产生终止信号，马上再次发出起始信号对另一从机进行寻址。

在总线的一次数据传送过程中，可以有以下几种组合方式：

①主机向从机发送数据，数据传送方向在整个传送过程中不变。

主机向从机发送数据的方式如图2.7所示。

S	从机地址	0	A	数据	A	数据	A/$\bar{A}$	P

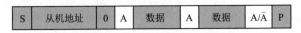

图 2.7　主机向从机发送数据

有阴影部分表示数据由主机向从机传送，无阴影部分则表示数据由从机向主机传送。A表示应答，$\bar{A}$表示非应答（高电平）。S表示起始信号，P表示终止信号。

②主机在第一个字节后，立即从从机读取数据。

主机从从机读取数据的方式如图2.8所示。

S	从机地址	1	A	数据	A	数据	$\bar{A}$	P

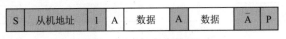

图 2.8　主机从从机读取数据

③在传送过程中，当需要改变传送方向时，起始信号和从机地址都被重复产生一次，但两次读/写方向位正好反相。

主机向从机先发送再读取数据的方式如图2.9所示。

S	从机地址	0	A	数据	A/$\bar{A}$	S	从机地址	1	A	数据	$\bar{A}$	P

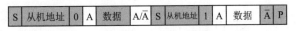

图 2.9　主机向从机读 / 写数据方式

（6）IIC通信信号控制规则

IIC通信信号规则控制如图2.10所示。

4. IIC 发送与接收序列规则

STM8L051F3 的 IIC 能运行在从机发送、从机接收、主机发送和主机接收4种模式，默认情况下工作在从机模式，当产生一个起始条件后，会自动从从机模式转换为主机模式。

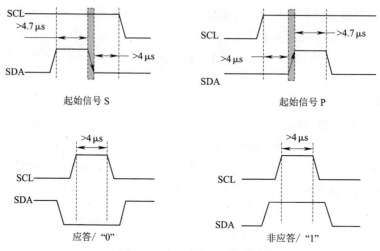

图 2.10　IIC 通信信号规则控制

下面主要介绍常用的主机模式下的发送与接收功能。IIC的输入时钟（系统时钟）在标准模式下要大于 1 MHz，在快速模式下要大于 4 MHz。

主机模式下的发送序列如图2.11所示。

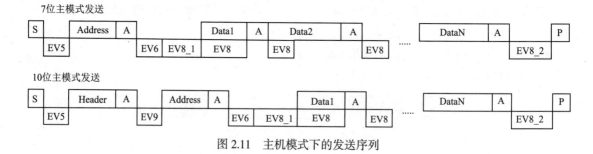

图 2.11　主机模式下的发送序列

主模式下的读模式会根据读不同数据大小有不同的程序序列，在 IIC 用于中断的模式下并拥有高的中断优先级时，读序列如图2.12所示。

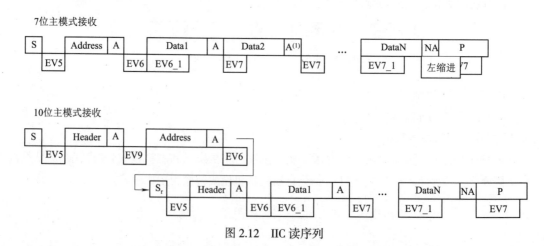

图 2.12　IIC 读序列

主模式接收的数据 $N>2$ 时（N 为字节数），读序列如图2.13所示。

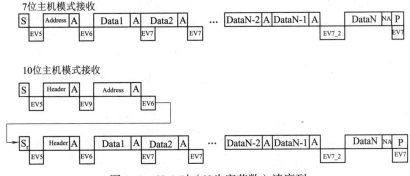

图 2.13 $N>2$ 时（N 为字节数）读序列

主模式接收的数据 $N=2$ 时（N 为字节数），读序列如图2.14所示。

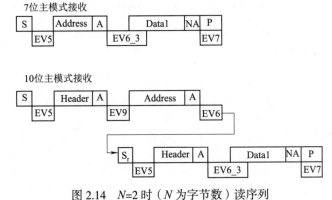

图 2.14 $N=2$ 时（N 为字节数）读序列

主模式接收的数据 $N=1$ 时（N 为字节数），读序列如图2.15所示。

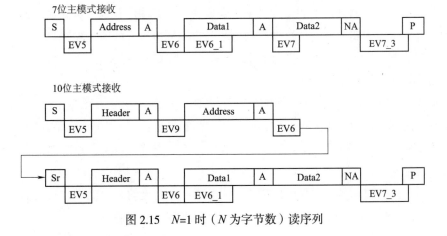

图 2.15 $N=1$ 时（N 为字节数）读序列

上面序列中讲到的各标记符代表含义说明如下：

S= 起始条件，Sr=重复起始条件，P=停止条件，A=应答，NA=不应答；

EVx=事件 x；

EV5：SB=1，读 SR1 寄存器清除，之后接着往 DR 寄存器写入地址；

EV6：ADDR=1，读 SR1 寄存器清除，之后接着读 SR3；

EV6_1：没有相关的标志事件，应答在 EV6 后应该禁止，这是在 ADDRS 被清除后发生EV6_3：ADDR=1，编程 ACK=0，在读 SR1 寄存器后清除，接着读 SR3 寄存器编程 STOP=1；

EV7：RXNE=1，读 DR 寄存器清除；

EV7_1：RXNE=1，读 DR 寄存器清除，编程 ACK=0 和 STOP 请求；

EV7_2：BTF=1，第 N–2 个数据在 DR 寄存器，第 N–1 个数据在转移寄存器，编程 ACK=0，在 DR 寄存器中读出第 N–2 个数据，编程 STOP=1，读出第 N–1 个数据；

EV7_3：BTF=1，编程 STOP=1 后连续读 DR 寄存器两次；

EV8_1：转移寄存器空，数据寄存器空，写 DR 寄存器；

EV8：TXE=1，转移寄存器非空，数据寄存器空，写 DR 寄存器清除；

EV8_2：TXE=1，BTF=1，编程停止条件请求，在硬件产生停止条件后自动清除；

EV9：ADD10=1，读 SR1 寄存器清除，接着写 DR 寄存器。

IIC 在主模式的通信中就是严格按照上述序列进行通信，理解了每个事件的含义对理解上述 IIC 通信的序列有很大帮助。STM8L051F3 的编程采用的是官方库函数，相对来说较为容易。

二、显示器件简介

显示器件是一种将电信号转换成能看得见的字符图形的器件。显示器件的种类很多，比如在嵌入式基础应用中经常用到的LED数码管是最基本的显示器件，其他显示器件还有功能更强的LED点阵显示器、真空荧光显示器、LCD液晶显示器和OLED显示屏。

LED数码管是将发光二极管做成段状，通过让不同段发光来组合成各种数字；LED点阵显示器是将发光二极管做成点状，通过让不同点发光来组合成各种字符图形；真空荧光显示器是将有关电极做成各种形状并涂上荧光粉，通过让灯丝发射电子轰击不同电极上的荧光粉来显示字符图形；液晶显示屏是通过施加电压使特定区域的液晶变得透明或不透明来显示字符。

1. LCD液晶显示器

LCD液晶显示器与LED显示器相比具有体积小、功耗低、抗干扰能力强等优点。LCD不仅可以显示数字及字符，而且可以显示各种复杂的文字及图形曲线，故在显示器中得到了越来越广泛的应用。

LCD种类繁多，按显示形式及排列形状可分为字段型、点阵字符型、点阵图形型。单片机应用系统中主要使用后两种。

①点阵字符型液晶显示器。它是专门用来显示数字、字母及符号等的点阵型液晶显示模块。该类显示器可由若干个5×8或5×11的点阵组成，每个点阵显示一位字符。

②点阵图形型液晶显示器。在一个平板上排列多行和多列、密度较高的矩阵形的晶格点，点的大小可根据显示的清晰度来设计。该类型的液晶显示器不仅可以显示字符，而且可以显示图形，被广泛应用于便携式电子产品中。12864 LCD显示器是由128×64个液晶显示点组成的一个128列×64行

的阵列，所以称为12864。每个显示点都对应着一位二进制数，0表示灭，1表示亮。存储这些点阵信息的RAM称为显示数据存储器。如果要显示某个图形或汉字就是将相应的点阵信息写入对应的存储单元中。图形或汉字的点阵信息由自己设计，关键就是要确定显示点在LCD上的位置与其在存储器中的地址之间的关系。

2. OLED显示屏

OLED显示屏即有机发光二极管（Organic Light Emitting Diode）。OLED由于同时具备自发光，不需背光源、对比度高、厚度薄、视角广、反应速度快、可用于挠曲性面板、使用温度范围广、构造及制程较简单等优异特性，被认为是下一代平面显示器新兴应用技术。LCD 都需要背光，而OLED不需要，因为它是自发光的。这样同样的显示 OLED 效果要好一些。以目前的技术，OLED 的尺寸还难以大型化，但是分辨率却可以做到很高。在本书的开发板中使用的是0.96寸OLED 显示屏，该显示屏有以下特点：

➢ 0.96寸OLED有黄蓝、白、蓝3种颜色可选；其中黄蓝是屏上1/4部分为黄光，下3/4部分为蓝；而且是固定区域显示固定颜色，颜色和显示区域均不能修改；白光则为纯白，也就是黑底白字；蓝色则为纯蓝，也就是黑底蓝字。

➢ 分辨率为 128×64。

➢ 多种接口方式。OLED 裸屏有3种接口：包括6800、8080两种并行接口方式，3线或4线的串行 SPI 接口方式，IIC 接口方式（只需要 2 根线即可控制OLED）。

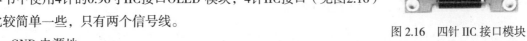

本书中使用4针的0.96寸IIC接口OLED 模块，4针IIC接口（见图2.16）相对比较简单一些，只有两个信号线。

图 2.16　四针 IIC 接口模块

➢ GND 电源地。

➢ VCC 电源正（3 ~ 5.5 V）。

➢ SCL OLED 的 D0 脚，在 IIC 通信中为时钟引脚。

➢ SDA OLED 的 D1 脚，在 IIC 通信中为数据引脚。

三、OLED 时序的 IIC 配置

下面介绍如何初始化 IIC 以及实现IIC与OLED进行通信。OLED采用的是0.96寸OLED（4针），可以直接插入开发板OLED扩展接口。OLED 的通信时序如图2.17所示。

IIC 初始化配置步骤：

① 打开 IIC 外设时钟。

② 使能 IIC1。

③ 配置 IIC 参数：IIC1、时钟 100 kHz、IIC 模式、快速模式工作周期 $T_{low}/T_{high}=2$、使能应答、应答从机地址 7 位。

注意：OLED 的 IIC 通信地址是 0x78、OLED 的 IIC 时序只存在写，不存在读。

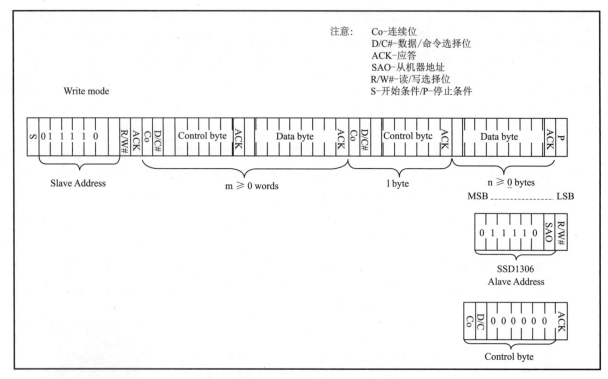

图 2.17　OLED 的通信时序

四、OLED IIC 接口连接原理图

OLED与STM8L051F3单片机之间通过 IIC接口通信，连接原理图如图2.18所示。

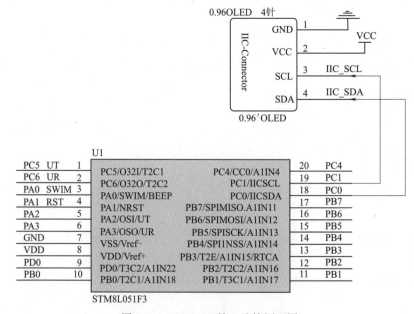

图 2.18　OLED IIC 接口连接原理图

一、硬件准备

1. OLED显示屏

本任务中选用0.96寸OLED IIC模块如图2.19所示。

2. 硬件平台

本任务所需硬件平台如下：

➢ 实验平台：STM8L051F3自行设计开发板。

➢ 下载&仿真器：ST-LINK。

开发板、下载&仿真器硬件连接图示如图2.20所示。

视 频

项目的实现和
程序分析

图 2.19 0.96寸 OLED 模块

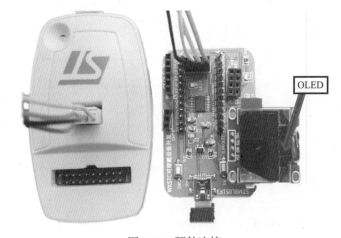

图 2.20 硬件连接

二、软件设计

软件设计主要内容是：初始化IIC（打开IIC外设时钟、使能IIC外设、初始化IIC基础参数、编写IIC读写函数），初始化OLED（OELD的IIC地址为0x78，编写OLED读写数据/命令函数，初始化OLED基础参数）。在主函数中通过显示函数让OLED显示字符：wxstc。

从实际应用电路图2.18中可以看出，STM8L0510F3单片机硬件IIC（PC0、PC1）接口与显示屏进行通信。在之前设计的开发板中，OLED接口使用的是PB1、PB2两个引脚，是通过软件模拟IIC实现通信。所以在本任务中读者可以通过杜邦线把OLED的SDA和SCL分别连接到PC0、PC1引脚上，完成实验。因STM8L051F3单片机中硬件IIC通信接口只有一个，为了满足多个IIC通信装置的需要，采用软件模拟实现IIC通信，下一个任务中会详细讲解。本任务中连接方式如下：

GND→GND、VCC→3V3、SCL→PC1、SDA→PC0。

1. 编写字符显示程序

工程的配置和建立过程见附录A，工程文件结构规划如图2.21所示，项目所需导入的函数库和分组规划如图2.22所示。

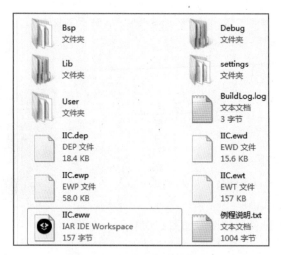

图 2.21　工程文件结构规划

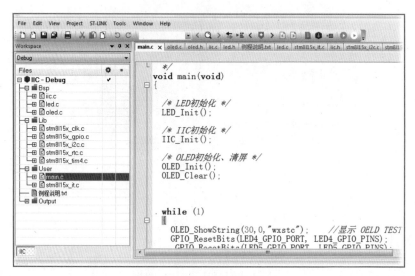

图 2.22　项目开发配置界面

（1）主程序文件（main.c）

　　main主程序中主要调用完成初始化IIC的IIC_Init()函数、初始化OLED显示屏的 OLED_Init()函数、完成OLED清屏的OLED_Clear()函数和显示字符 "wxstc"的OLED_ShowString(30,0,"wxstc")显示函数。这些函数的定义和功能后面都会详细给出。

```
/***************************************************
 * @文件      main.c
 * @版本      V1.1
 * @日期      2020-1-22
 * @摘要      OLED  IIC例程
 * 硬件平台    STM8L051F3核心板
 ************************************************** */
```

```c
/* ------------------------包含头文件 --------------------*/
#include "stm8l15x.h"
#include "led.h"
#include "oled.h"
#include "iic.h"
/* ------------------------函数声明 ------------------------*/
static void delay_ms(unsigned int ms);
/****************************
 * @函数名        main
 * @功    能      主函数入口
 * @参    数      无
 * @返回值        无
 ****************************/
void main(void)
{
  LED_Init();                              //初始化LED
  IIC_Init();                              //IIC初始化
  OLED_Init();                             //OLED初始化
  OLED_Clear();                            //OLED清屏
  OLED_ShowString(30,0,"wxstc");           //显示 wxstc
  while(1)
  {
    delay_ms(300);
    GPIO_ToggleBits(LED3_GPIO_PORT, LED3_GPIO_PINS); //切换LED1状态
  }
}
//延时函数的定义
/****************************
 * @函数名        delay_ms
 * @功    能      延迟X * ms
 * @参    数      ms: 延迟ms
 * @返回值        无
 ****************************/
static void delay_ms(unsigned int ms)      //延迟函数, ms级别
{
  unsigned int x,y;
  for(x=ms;x>0;x--)
  {
    for(y=405;y>0;y--);
  }
}
#ifdef  USE_FULL_ASSERT
/*断言函数: 它的作用是在编程的过程中为程序提供参数检查*/
```

```
void assert_failed(uint8_t* file, uint32_t line)
{
  while (1)
  {
  }
}
#endif
```

（2）IIC 初始化函数（iic.c）

本函数中主要直接调用系统提供的stm8l15x_i2c.c函数库的IIC通信相关函数，根据IIC的通信序列实现初始化和读写数据的操作。为IIC和OLED通信铺路。

```
/*********************************************
 * @文件          iic.c
 * @版本          V1.0
 * @日期          2020-2-2
 * @摘要          iic源文件
 *********************************************/
/*-------- 包含头文件 ----------*/
#include "iic.h"
//IIC 初始化函数在例程的 iic.c 文件中实现
/*********************************
 * @函数名        IIC_Init
 * @功  能        IIC初始化
 * @参  数        无
 * @返回值        无
 *********************************/
void IIC_Init(void)
{
  //打开IIC外设时钟
  CLK_PeripheralClockConfig(CLK_Peripheral_I2C1, ENABLE);
  I2C_Cmd(I2C1, ENABLE);        //使能IIC外设
    /* 配置IIC参数 */
  I2C_Init(I2C1, 100000, 0x11, I2C_Mode_I2C, I2C_DutyCycle_2,
          I2C_Ack_Enable, I2C_AcknowledgedAddress_7bit);
}
/***************************
 * @函数名        IIC_WriteByte
 * @功  能        IIC写入1B
 * @参  数        data: 写入的Byte
 * @返回值        无
 ***************************/
void IIC_WriteByte(uint8_t data)
```

```
{
    //产生IIC起始条件
    I2C_GenerateSTART(I2C1, ENABLE);
    //检测IIC的EV5
    while (!I2C_CheckEvent(I2C1, I2C_EVENT_MASTER_MODE_SELECT));
    //发送从机器件地址
    I2C_Send7bitAddress(I2C1, 0x78, I2C_Direction_Transmitter);
    //检测IIC的EV6
    while (!I2C_CheckEvent(I2C1, I2C_EVENT_MASTER_TRANSMITTER_MODE_SELECTED));
    //检测IIC的EV8
    while (!I2C_CheckEvent(I2C1, I2C_EVENT_MASTER_BYTE_TRANSMITTED));
    //发送1字节数据
    I2C_SendData(I2C1, data);
    //检测IIC的EV8
    while (!I2C_CheckEvent(I2C1, I2C_EVENT_MASTER_BYTE_TRANSMITTED));
    //发送停止条件
    I2C_GenerateSTOP(I2C1, ENABLE);
}
/*********************************************
 *   @函数名          IIC_ReadByte
 *   @功  能          IIC读取指定地址的1B数据
 *   @参  数          ReadAddr: 读取数据的地址
 *   @返回值          temp: 返回读取到的数据
 *********************************************/
uint8_t IIC_ReadByte(uint8_t ReadAddr)
{
    uint8_t temp;
    //检测总线是否繁忙
    while (I2C_GetFlagStatus(I2C1, I2C_FLAG_BUSY));
    //产生IIC起始条件
    I2C_GenerateSTART(I2C1, ENABLE);
    //检测IIC的EV5
    while (!I2C_CheckEvent(I2C1, I2C_EVENT_MASTER_MODE_SELECT));
    //发送从机器件地址
    I2C_Send7bitAddress(I2C1, 0x78, I2C_Direction_Transmitter);
    //检测IIC的EV6
    while (!I2C_CheckEvent(I2C1, I2C_EVENT_MASTER_TRANSMITTER_MODE_SELECTED));
    //检测IIC的EV8
    while (!I2C_CheckEvent(I2C1, I2C_EVENT_MASTER_BYTE_TRANSMITTED));
    //重新产生起始条件
    I2C_GenerateSTART(I2C1, ENABLE);
    //检测IIC的EV5
    while (!I2C_CheckEvent(I2C1, I2C_EVENT_MASTER_MODE_SELECT));
```

```
//发送从机器件地址，读模式
I2C_Send7bitAddress(I2C1, 0x78, I2C_Direction_Receiver);
//检测IIC的EV6
while (!I2C_CheckEvent(I2C1, I2C_EVENT_MASTER_TRANSMITTER_MODE_SELECTED));
//使能不应答
I2C_AcknowledgeConfig(I2C1, DISABLE);
//产生停止条件
I2C_GenerateSTOP(I2C1, ENABLE);
//检测IIC的EV7
while (!I2C_CheckEvent(I2C1, I2C_EVENT_MASTER_BYTE_RECEIVED));
//读取数据
temp = I2C_ReceiveData(I2C1);
//返回读取的数据
return temp;
}
```

（3）IIC 初始化函数头文件（iic.h）

本函数中主要对iic.c函数定义的函数进行声明。方便在其他函数中调用。

```
********************************************************************
* @文件        iic.h
* @版本        V1.0
* @日期        2020-2-2
* @摘要        iic头文件
*********************************************************************/
/* -------------定义防止递归包含 ----------------*/
#ifndef_IIC_H
#define_IIC_H
/* --------------包含头文件 -------------------*/
#include "stm8l15x.h"
/* ---------------函数声明--------------------*/
void IIC_Init(void);
void IIC_WriteByte(uint8_t data);
uint8_t IIC_ReadByte(uint8_t ReadAddr);
#endif
```

（4）OLED显示屏驱动程序（oled.c）

oled.c是显示屏相关处理函数，显示中用到的字符字模编码因篇幅的限制会在随书代码中提供，后面任务中关于显示屏处理的都是调用此函数相关内容。本函数要求读者了解其工作原理，会使用即可。了解详细内容请查看OLED使用手册。

```
/********************************************
* @文件        oled.c
* @版本        V1.0
```

```
 *  @日期              2020-2-2
 *  @摘要              oled源文件
 *****************************************/
/* ----------------包含头文件 ----------------*/
#include "iic.h"
#include "oled.h"
#include "oledfont.h"
static void delay_ms(unsigned int ms)          //延迟函数, ms级别
{
  unsigned int x,y;
  for(x=ms;x>0;x--)
  {
    for(y=405;y>0;y--);
  }
}
/*****************************
 *  @函数名           Write_OELD_Command
 *  @功  能           对OLED写入命令
 *  @参  数           IIC_Command: 写入的命令字节
 *  @返回值           无
 *****************************/
void Write_OLED_Command(unsigned char IIC_Command)
{
  //检测总线忙
  while (I2C_GetFlagStatus(I2C1, I2C_FLAG_BUSY));
  //产生IIC起始条件
  I2C_GenerateSTART(I2C1, ENABLE);
  //检测IIC的EV5
  while (!I2C_CheckEvent(I2C1, I2C_EVENT_MASTER_MODE_SELECT));
  //发送从机器件地址
  I2C_Send7bitAddress(I2C1, 0x78, I2C_Direction_Transmitter);
  //检测IIC的EV6
  while (!I2C_CheckEvent(I2C1, I2C_EVENT_MASTER_TRANSMITTER_MODE_SELECTED));
  //发送数据（命令）
  I2C_SendData(I2C1, 0x00);
  //检测IIC的EV8
  while (!I2C_CheckEvent(I2C1, I2C_EVENT_MASTER_BYTE_TRANSMITTED));
  //发送命令
  I2C_SendData(I2C1, IIC_Command);
  //检测IIC的EV8
  while (!I2C_CheckEvent(I2C1, I2C_EVENT_MASTER_BYTE_TRANSMITTED));
  //产生停止条件
  I2C_GenerateSTOP(I2C1, ENABLE);
```

```
}
/*********************************
 * @函数名          Write_OELD_Data
 * @功    能        对OLED写入数据
 * @参    数        IIC_Data：写入的数据字节
 * @返回值          无
 *******************************/
void Write_OLED_Data(unsigned char IIC_Data)
{
    //检测总线忙
    while (I2C_GetFlagStatus(I2C1, I2C_FLAG_BUSY));
    //产生IIC起始条件
    I2C_GenerateSTART(I2C1, ENABLE);
    //检测IIC的EV5
    while (!I2C_CheckEvent(I2C1, I2C_EVENT_MASTER_MODE_SELECT));
    //发送从机器件地址
    I2C_Send7bitAddress(I2C1, 0x78, I2C_Direction_Transmitter);
    //检测IIC的EV6
    while (!I2C_CheckEvent(I2C1, I2C_EVENT_MASTER_TRANSMITTER_MODE_SELECTED));
    //发送数据（命令）
    I2C_SendData(I2C1, 0x40);
    //检测IIC的EV8
    while (!I2C_CheckEvent(I2C1, I2C_EVENT_MASTER_BYTE_TRANSMITTED));
    //发送命令
    I2C_SendData(I2C1, IIC_Data);
    //检测IIC的EV8
    while (!I2C_CheckEvent(I2C1, I2C_EVENT_MASTER_BYTE_TRANSMITTED));
    //产生停止条件
    I2C_GenerateSTOP(I2C1, ENABLE);
}
/*********************************************
 * @函数名          OLED_WR_Byte
 * @功    能        OLED写入一字节命令/数据
 * @参    数        dat：写入的数据/命令字节
 * @返回值          cmd：1-写入数据；0-写入命令
 *******************************************/
void OLED_WR_Byte(unsigned char dat,unsigned char cmd)
{
    if(cmd)
    {
        Write_OLED_Data(dat);              //写入数据
    }
    else
```

```c
    {
        Write_OLED_Command(dat);              //写入命令
    }
}
/**********************************
 * @函数名         OLED_Set_Pos
 * @功  能         在坐标X,Y初开始
 * @参  数         x: X坐标; y: Y坐标
 * @返回值         无
 **********************************/
void OLED_Set_Pos(unsigned char x, unsigned char y)
{
    OLED_WR_Byte(0xb0+y,OLED_CMD);                    //写入页地址
    OLED_WR_Byte((x&0x0f),OLED_CMD);                  //写入列低地址
    OLED_WR_Byte(((x&0xf0)>>4)|0x10,OLED_CMD);    //写入列高地址
}


/**********************************
 * @函数名         OLED_Display_On
 * @功  能         开OLED显示
 * @参  数         无
 * @返回值         无
 **********************************/
void OLED_Display_On(void)
{
    OLED_WR_Byte(0X8D,OLED_CMD);              //设置OLED电荷泵
    OLED_WR_Byte(0X14,OLED_CMD);              //使能, 开
    OLED_WR_Byte(0XAF,OLED_CMD);              //开显示
}
/**********************************
 * @函数名         OLED_Display_Off
 * @功  能         关OLED显示
 * @参  数         无
 * @返回值         无
 **********************************/
void OLED_Display_Off(void)
{
    OLED_WR_Byte(0X8D,OLED_CMD);              //设置OLED电荷泵
    OLED_WR_Byte(0X10,OLED_CMD);              //失能, 关
    OLED_WR_Byte(0XAE,OLED_CMD);              //关显示
}
/**********************************
 * @函数名         OLED_Clear
```

```
 * @功  能        清屏
 * @参  数        无
 * @返回值        无
 *****************************/
void OLED_Clear(void)
{
  unsigned char i,n;              //定义变量
  for(i=0;i<8;i++)
  {
    OLED_WR_Byte (0xb0+i,OLED_CMD);     //从0~7页依次写入
    OLED_WR_Byte (0x00,OLED_CMD);       //列低地址
    OLED_WR_Byte (0x10,OLED_CMD);       //列高地址
    for(n=0;n<128;n++)
      OLED_WR_Byte(0,OLED_DATA);        //写入 0 清屏
  }
}
/***************************************************
 * @函数名        OLED_ShowChar
 * @功  能        在指定位置显示字符
 * @参  数        x: X坐标; y: Y坐标;chr: 显示的字符
 * @返回值        无
 ***************************************************/
void OLED_ShowChar(unsigned char x,unsigned char y,unsigned char chr)
{
  unsigned char c=0,i=0;
  c=chr-' ';                        //获取字符的偏移量
  if(x>Max_Column-1)
  {
    x=0;
    y=y+2;
  }
  //如果列数超出了范围，就从下2页的第0列开始
  if(SIZE ==16)                     //字符大小如果为 16
  {
    OLED_Set_Pos(x,y);              //从x、y开始画点
    for(i=0;i<8;i++)               //循环8次，占8列
      OLED_WR_Byte(F8X16[c*16+i],OLED_DATA);
    //找出字符 c 的数组位置，先在第一页把列画完
    OLED_Set_Pos(x,y+1);                    //页数加1
    for(i=0;i<8;i++)                        //循环8次
      OLED_WR_Byte(F8X16[c*16+i+8],OLED_DATA);   //把第二页的列数画完
  }
  else  //字符大小为 6 = 6*8
```

```
    {
        OLED_Set_Pos(x,y+1);                      //一页就可以画完
        for(i=0;i<6;i++)                          //循环6次，占6列
            OLED_WR_Byte(F6x8[c][i],OLED_DATA);   //把字符画完
    }
}
/*****************************************
* @函数名           oled_pow
* @功  能           计算m的n次方
* @参  数           无
* @返回值           result: 计算结果
*****************************************/
unsigned int oled_pow(unsigned char m,unsigned char n)
{
    unsigned int result=1;
    while(n--)result*=m;
    return result;
}
/*****************************************
* @函数名           OLED_ShowNum
* @功  能           在指定的位置显示指定长度&大小的数字
* @参  数           x: X坐标; y: Y坐标; num: 显示的数字; len: 数字的长度; size2: 字体的大小
* @返回值           无
*****************************************/
void OLED_ShowNum(unsigned char x,unsigned char y,unsigned int num,unsigned
char len,unsigned char size2)
{
    unsigned char t,temp;                         //定义变量
    unsigned char enshow=0;                       //定义变量
    for(t=0;t<len;t++)
    {
        temp=(num/oled_pow(10,len-t-1))%10;       //取出输入数的每个位，由高到低
        if(enshow==0&&t<(len-1))
        //enshow: 是否为第一个数; t<(len-1): 判断是否为最后一个数
        {
            if(temp==0)                           //如果该数为0
            {
                OLED_ShowChar(x+(size2/2)*t,y,' ');
                //显示 0 ; x+(size2/2)*t根据字体大小偏移的列数（8）
                    continue; //跳过剩下语句，继续重复循环（避免重复显示）
            }else enshow=1;
        }
        OLED_ShowChar(x+(size2/2)*t,y,temp+'0');
```

```
                        //显示一个位；x+(size2/2)*t根据字体大小偏移的列数（8）
        }
}


/*********************************************
 * @函数名        OLED_ShowString
 * @功  能        在指定位置显示字符串
 * @参  数        x：X坐标；y：Y坐标；*chr：显示的字符串
 * @返回值        无
 *********************************************/
void OLED_ShowString(unsigned char x,unsigned char y,unsigned char *chr)
{
    unsigned char j=0;                  //定义变量
    while (chr[j]!='\0')                //如果不是最后一个字符
    {
        OLED_ShowChar(x,y,chr[j]);      //显示字符
        x+=8;                           //列数加8，一个字符的列数占8
        if(x>120){x=0;y+=2;}            //如果x超过128，切换页，从该页的第一列显示
            j++;                        //下一个字符
    }
}
/*********************************************
 * @函数名        OLED_ShowCHinese
 * @功  能        在指定的位置显示汉字
 * @参  数        x：X坐标；y：Y坐标；no：汉字的数组位置
 * @返回值        无
 *********************************************/
void OLED_ShowCHinese(unsigned char x,unsigned char y,unsigned char no)
{
    unsigned char t;                    //定义变量
    OLED_Set_Pos(x,y);                  //从 x、y开始画点，先画第一页
    for(t=0;t<16;t++)                   //循环16次，画第一页的16列
    {
        OLED_WR_Byte(Hzk[2*no][t],OLED_DATA);
        //画no在数组位置的第一页16列的点
    }
    OLED_Set_Pos(x,y+1);                //画第二列
    for(t=0;t<16;t++)                   //循环16次，画第二页的16列
    {
        OLED_WR_Byte(Hzk[2*no+1][t],OLED_DATA);
        //画no在数组位置的第二页16列的点
    }
}
```

```
/*******************************
 * @函数名        OLED_DrawBMP
 * @功  能        在指定的范围显示图片
 * @参  数        x0: 起始X坐标; y0: 起始X坐标; x1: 起始X坐标; y1: 起始X坐标; BMP[]:
                  图片的数组起始地址
 * @返回值        无
 ********************************/
void OLED_DrawBMP(unsigned char x0, unsigned char y0,unsigned char x1,
unsigned char y1,unsigned char BMP[])
{
   unsigned int j=0;              //定义变量
   unsigned char x,y;            //定义变量
   if(y1%8==0)
    y=y1/8;                       //判断终止页是否为8的整数倍
   else y=y1/8+1;
     for(y=y0;y<y1;y++)           //从起始页开始，画到终止页
     {
        OLED_Set_Pos(x0,y);       //在页的起始列开始画
        for(x=x0;x<x1;x++)        //画x1-x0列
        {
           OLED_WR_Byte(BMP[j++],OLED_DATA);  //画图片的点
        }
     }
}
/*********************************
 * @函数名        OLED_Init
 * @功  能        OLED初始化
 * @参  数        无
 * @返回值        无
 **********************************/
void OLED_Init(void)
{
  delay_ms(200);
  //延迟，由于单片机上电初始化比OLED快，所以必须加上延迟，等待OLED上电初始化完成
  OLED_WR_Byte(0xAE,OLED_CMD);       //关闭显示
  OLED_WR_Byte(0x2e,OLED_CMD);       //关闭滚动
  OLED_WR_Byte(0x00,OLED_CMD);       //设置低列地址
  OLED_WR_Byte(0x10,OLED_CMD);       //设置高列地址
  OLED_WR_Byte(0x40,OLED_CMD);       //设置起始行地址
  OLED_WR_Byte(0xB0,OLED_CMD);       //设置页地址
  OLED_WR_Byte(0x81,OLED_CMD);       //对比度设置，可设置亮度
  OLED_WR_Byte(0xFF,OLED_CMD);       //265
  OLED_WR_Byte(0xA1,OLED_CMD);
```

```c
    //设置段（SEG）的起始映射地址；column的127地址是SEG0的地址
    OLED_WR_Byte(0xA6,OLED_CMD);              //正常显示；0xa7逆显示
    OLED_WR_Byte(0xA8,OLED_CMD);              //设置驱动路数
    OLED_WR_Byte(0x3F,OLED_CMD);              //1/32 duty
    OLED_WR_Byte(0xC8,OLED_CMD);              //重映射模式，COM[N-1]~COM0扫描
    OLED_WR_Byte(0xD3,OLED_CMD);              //设置显示偏移
    OLED_WR_Byte(0x00,OLED_CMD);              //无偏移
    OLED_WR_Byte(0xD5,OLED_CMD);              //设置振荡器分频（默认）大概370 kHz
    OLED_WR_Byte(0x80,OLED_CMD);
    OLED_WR_Byte(0xD8,OLED_CMD);              //设置 area color mode off（没有）
    OLED_WR_Byte(0x05,OLED_CMD);
    OLED_WR_Byte(0xD9,OLED_CMD);              //设置 Pre-Charge Period（默认）
    OLED_WR_Byte(0xF1,OLED_CMD);
    OLED_WR_Byte(0xDA,OLED_CMD);              //设置 com pin configuartion（默认）
    OLED_WR_Byte(0x12,OLED_CMD);

    OLED_WR_Byte(0xDB,OLED_CMD);              //设置 Vcomh，可调节亮度（默认）
    OLED_WR_Byte(0x30,OLED_CMD);
    OLED_WR_Byte(0x8D,OLED_CMD);              //设置OLED电荷泵
    OLED_WR_Byte(0x14,OLED_CMD);              //开显示
    OLED_WR_Byte(0xA4,OLED_CMD);              // Disable Entire Display On (0xa4/0xa5)
    OLED_WR_Byte(0xA6,OLED_CMD);              // Disable Inverse Display On (0xa6/a7)
    OLED_WR_Byte(0xAF,OLED_CMD);              //开启OLED面板显示
    OLED_Clear();                             //清屏
    OLED_Set_Pos(0,0);                        //画点
}
/******************************************
 * @函数名       OLED_Scroll
 * @功　能       滚动效果配置函数
 * @参　数       无
 * @返回值       无
 ******************************************/
void OLED_Scroll(void)
{
    OLED_WR_Byte(0x2E,OLED_CMD);              //关闭滚动
    OLED_WR_Byte(0x27,OLED_CMD);              //水平向左滚动
    OLED_WR_Byte(0x00,OLED_CMD);              //虚拟字节
    OLED_WR_Byte(0x00,OLED_CMD);              //起始页 0
    OLED_WR_Byte(0x00,OLED_CMD);              //滚动时间间隔
    OLED_WR_Byte(0x01,OLED_CMD);              //终止页 1
    OLED_WR_Byte(0x00,OLED_CMD);              //虚拟字节
    OLED_WR_Byte(0xFF,OLED_CMD);              //虚拟字节
    OLED_WR_Byte(0x2F,OLED_CMD);              //开启滚动
```

```
                        }
```

（5）OLED显示屏驱动程序头文件（oled.h）

```
/*********************************************
 * @文件          oled.h
 * @版本          V1.0.0
 * @日期          2020-2-2
 * @摘要          oled头文件
 *********************************************/
/* ------------定义防止递归包含 -----------*/
#ifndef_OLED_H
#define_OLED_H
/* -------------包含头文件 ----------------*/
#include "stm8l15x.h"
/* -----------宏定义 -----------*/
#define OLED_CMD   0      //写命令
#define OLED_DATA 1       //写数据
#define OLED_MODE 0
#define SIZE 16
#define Max_Column   128
#define Max_Row         64
#define X_WIDTH   128
#define Y_WIDTH   64
/* -----------函数声明----------*/
void OLED_Display_On(void);
void OLED_Display_Off(void);
void OLED_Init(void);
void OLED_Clear(void);
void OLED_ShowChar(unsigned char x,unsigned char y,unsigned char chr);
void OLED_ShowNum(unsigned char x,unsigned char y,unsigned int num,unsigned
char len,unsigned char size2);
void OLED_ShowString(unsigned char x,unsigned char y, unsigned char *p);
void OLED_Set_Pos(unsigned char x, unsigned char y);
void OLED_ShowCHinese(unsigned char x,unsigned char y,unsigned char no);
void OLED_DrawBMP(unsigned char x0, unsigned char y0,unsigned char x1, unsigned
char y1,unsigned char BMP[]);
void OLED_Scroll(void);
#endif
```

三、软硬件联调

① 连接硬件。

② 编译：Project→Make（快捷键【F7】）。

③ 下载：Project→Download and Debug（快捷键【Ctrl+D】）。

④ 效果：OLED显示wxstc。

对于后面项目的任务中用到 OLED 的相关程序，移植时主要针对 OLED 写入数据和写入命令两个函数详细修改即可，其他的不需要改动。效果如图2.23所示。

图 2.23　实验效果显示

任务拓展

①改写任务一中的程序让显示屏显示其他字符内容。

②利用字模软件提取所在院校名字的字模编码，模仿任务中字符字模的使用方法，修改程序显示所在院校名称。

任务二　设计制作智能电子钟

在本任务中，主要介绍STM8L051F3 的 TIM4定时器、RTC 相关知识和电子日历的读取编程技巧，在任务一的基础上重点阐述软件模拟IIC通信。用软件模拟IIC通信有不少优点，最大的好处是方便移植和共享，解决IIC接口不足的问题，在STM8L051F3中不只局限于PC0、PC1 IIC接口。而且同一个代码兼容各种MCU，无论是51、STM32还是MSP430或是其他微控制器，在移植时只要更改引脚的设置即可通用。

任务描述

在任务一的基础上，设计用定时器实时记录时钟，并将日历时间实时显示在OLED显示屏上。本任务中IIC 与 OLED 的通信采用模拟IIC的方法，定时器采用TIM4 定时器，除了 IIC 与 OLED 通信的实现外，RTC 相关的内容都在 main.c 文件中实现。

视频

项目的实现原理与相关知识

相关知识

一、定时器 / 计数器

定时器/计数器是单片机开发中重要的部件，在 STM8L051F3 中拥有TIM2 与 TIM3 两个16位的通用定时器和一个8位的TIM4基本定时器。

1. TIM2与TIM3定时器

TIM2和TIM3定时器的结构是相同的，通用定时器由一个向上/向下自动重装载计数器和一个可编程预分频器构成，可用于各种用途。例如：

➢ 基本计时。

➢ 测量输入信号的脉冲宽度（输入捕获）。

➢ 生成输出波形（输出比较、PWM、单脉冲模式）。

➢ 在各类事件中产生中断（捕获、比较、溢出）。

➢ 和其他定时器或外部信号进行同步（外部时钟、复位、触发和使能）。

TIM2和TIM3通用定时器的时钟可以通过配置寄存器来选择内部时钟或者外部时钟，它的主要性能如下：

➢ 16位向上/向下自动重装载计数器。

➢ 3位可编程预分频器。

➢ 2个独立的通道，可作为：

   ● 输入捕获；

   ● 输出比较；

   ● PWM输出（边沿对齐模式）；

   ● 单脉冲输出。

➢ 中断输入将定时器输出信号放在重设状态或在已知状态下。

➢ 输入捕获2可以从COMP2比较器中选择。

➢ 以下事件可以产生中断/DMA请求：

   ● 更新事件：计数器溢出，计数器初始化（软件）；

   ● 输入捕获；

   ● 输出比较；

   ● 中断输入；

   ● 触发事件（计数器启动、停止、初始化或内部/外部触发）。

2. TIM4定时器

（1）TIM4定时器简介

STM8L051F3的TIM4是一个基本定时器，由一个8位的自动重装载的向上计数器和一个可编程预分频器组成，功能简单，一般用于基本计时，定时器溢出时可产生一个定时器溢出中断。

TIM4的主要性能如下：

➢ 8位自动重装载向上计数器。

➢ 4位可编程预分频器。

➢ 中断产生：

   ● 计数器更新：计数器溢出；

   ● 触发器输入。

➢ DMA请求产生：

- 计数器更新：计数器溢出。

TIM4是8位的基本定时器，时钟采用的是系统时钟。

（2）TIM4定时器配置

若配置TIM4每1 ms更新（中断）一次。TIM4配置步骤如下：

① 使能TIM4外设时钟。

② TIM4基本配置：时钟16分频、周期125（定时1 ms）。

③ 清除 TIM4 更新标志位。

④ 使能更新中断。

⑤ 使能总中断。

⑥ 使能 TIM4。

（3）TIM4 定时器配置程序

TIM4 的配置实现如下代码：

```
void TIM4_Config(void)
{
  /*TIM4配置:TIM4时钟为系统时钟，也就是HSI/8=2 MHz，配置每1 ms更新一次，应如下设置2M/
(16×125)=1 000 Hz=1 ms；16为预分频值，125为周期值，频率的基本单位是赫兹（Hz），简称赫，1 000 Hz=
1 000/s，即在1 ms单位时间内完成振动1次，即更新一次用时1 ms
  */
  /* 使能 TIM4C 时钟 */
  CLK_PeripheralClockConfig(CLK_Peripheral_TIM4, ENABLE);
  /*TIM4 基本配置 */
  TIM4_TimeBaseInit(TIM4_Prescaler_16,(125-1));
  /* 清除 TIM4 更新标志位 */
  TIM4_ClearFlag(TIM4_FLAG_Update);
  /* 使能更新中断 */
  TIM4_ITConfig(TIM4_IT_Update, ENABLE);
  /* 使能总中断 */
  enableInterrupts();
  /* 使能 TIM4*/
  TIM4_Cmd(ENABLE);
}
```

二、RTC 概述

1. RTC简介

RTC（Real-time clock，实时时钟）是一个独立的定时器/计数器，它提供了一个实时时间和日历与一个相关的可编程闹钟，同时它还包括一个可用于管理低功耗模式的自动唤醒单元。采用二进制编码格式的8位寄存器，包括秒、分、时（12或24 h格式）、星期x、日、月和年，二进制编码格式还可以获取微秒的时间值。RTC 能自动调节闰年和每个月的天数。

另外，还有可编程闹钟的8位寄存器，包括微秒、秒、分、时、星期x和日，可以把RTC校准到

0.954 ppm的精度，在复位后，RTC处于写保护状态，只要供电电压维持在系统运行电压内，不管MCU是否处于睡眠状态，RTC 是不会停止运行的。RTC 主要特点如下：

> 一个带有微秒、秒、分、时（12或24 h格式）、星期 x、日、月和年的日历。
> 可软件调节夏令时。
> 一个带中断的可编程闹钟，闹钟可由任何一段日历组合触发。
> 一个自动唤醒单元提供周期性的触发标志，触发自动唤醒中断。
> 5个可屏蔽中断/事件：
  ● 闹钟 A；
  ● 唤醒中断；
  ● 3个篡改检测。
> 使用微秒转移特点与外部时钟进行精准同步。
> 数字校准在0.954 ppm。
> 3个内部上拉和可配置滤波器的篡改输入来唤醒CPU。
> 可替换功能输出：
  ● RTC_CALIB（RTC 标准输出）：可配置512 Hz或1 Hz时钟输出；
  ● RTC_ALARM（RTC 警报输出）：可选择警报器A或唤醒标志输出。

2. RTC 的时钟与预分频器

RTC的时钟源可以选择HSE、HSI、LSE或LSI中的一个。如果使用LSE作为时钟源，那么时钟安全系统会在LSE上应用。为了可以正确地访问到RTC，系统时钟必须等于或者大于4倍的RTC时钟，这样能确保同步运行。RTC 有一个13位的同步预分频器（RTC_SPRERx, x=1, 2）和一个8位的异步预分频器（RTC_APRER），这两个预分频器都是可编程的，通常使用这两个预分频器产生一个1 Hz（1 s）的时钟节拍来更新 RTC。RTC 的时钟节拍可由以下公式计算：

$$fck\_SPRE = fRTCCL/((RTC\_SPRER+1)(RTC\_APRER+1))$$

3. RTC日历

RTC日历时间和日期寄存器通过与SYSCLK（系统时钟）同步的影子寄存器来访问，它们也可以直接访问，避免同步等待的时间。存放日历时间的相应寄存器如下：

> RTC_SSRx（微秒）。
> RTC_TR1（秒）。
> RTC_TR2（分）。
> RTC_TR3（时）。
> RTC_DR1（星期 x）。
> RTC_DR2（日和月）。
> RTC_DR3（年）。

RTC模块框图如图2.24所示。

在系统复位重置后，当前的日历值会定期地被复制到影子寄存器，复制周期是RTCCLK周期，在每次复制完成后，RTC_ISR 寄存器的 RSF 位还会被置位。

可编程闹钟：RTC提供一个可编程闹钟（闹钟A），该功能通过RTC_CR2寄存器的ALRAE为使能。如果日历的微秒、秒、分、时/或星期 x 时间与编程在 RTC_ALRMASSRx和RTC_ALRMARx报警寄存器上的值相匹配，那么ALRAF位会被置位。闹钟中断可以通过 RTC_CR2寄存器的ALEAIE位来使能，一旦使能，报警中断可以使系统退出低功耗模式。

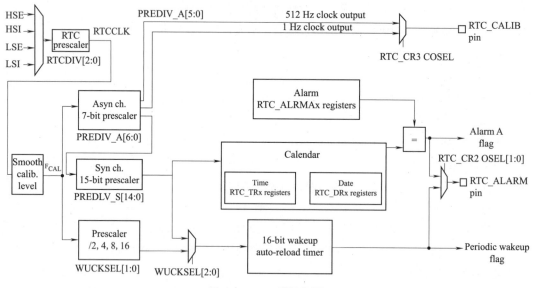

图 2.24　RTC 模块框图

4. 周期自动唤醒

周期自动唤醒标志由一个16位可编程二进制自动重装载递减计数器构成，它的唤醒时间范围能扩展到17位。唤醒功能由 RTC_CR2 寄存器的 WUTE 位使能。自动唤醒功能的时钟可以选择如下：

➤ RTCCLK 经过2、4、8或16分频。如RTCCLK是LSE（32 768 Hz），那么唤醒中断的周期可以配置在122 μs到32 s

➤ ck_spre（通常是1 Hz），当ck_spre为1 Hz，唤醒时间可设置范围在1 s~36 h，精度为（1/2）s，可编程时间范围分为两步：

- WUCKSEL[2:1]=10，时间范围 1 s~18 h；
- WUCKSEL[2:1]=11，时间范围 18~36 h。

5. RTC 寄存器的写保护

默认情况下所有RTC 寄存器是写保护的（除了 RTC_ISR2 寄存器、RTC_WPR寄存器），可以通过以下步骤解除 RTC 寄存器的写保护：

➤ 写 '0xCA' 到RTC_WPR寄存器

➤ 写 '0x53' 到RTC_WPR寄存器。

6. 日历初始化和配置

对日历的时间和日期极性编程，包括时间格式和预分频设置，需要按以下顺序：

① 设置RTC_ISR寄存器的INIT位为1，使能初始化模式，在这个模式下，日历计数器是停止的，它的值可以被更新。

②轮询RTC_ISR寄存器的INIT位，INIT 位被置1时进入初始化模式，这需要大约 2 个 RTCCLK时钟周期实现同步。

③配置预分频寄存器来为日历的计数器产生1 Hz的时钟脉冲。

④加载初始化的时间和日期值到影子寄存器和通过RTC_CR寄存器的FMT位来配置时间（12 h或24 h）的格式。

⑤清除 INIT 位来退出初始化模式，实际日历计数器的值，会在4个RTCCLK时钟周期后自动加载，当初始化完成后，微秒值也会被重新初始化，所以在1 s的时间到后，秒的数值会加一。

夏令时：夏令时可以通过 RTC_ISR 寄存器的 SUB1H、ADD1H 和 BCK 位进行控制。使用SUB1H或ADD1H 位，软件可以单独操作往日历中添加或减去1 h而无须经过初始化过程。另外，软件可以使用 BCK 位记录这个操作。

可编程闹钟：根据以下步骤来编程或更新可编程闹钟（闹钟A）：

①清除 RTC_CR2 寄存器的 ALRAE 位来关闭闹钟。

②轮询 RTC_ISR1 寄存器的 ALRAWF 位，直到该位被置位才能允许访问闹钟寄存器。

③编程闹钟寄存器：RTC_ALRMASSRx、RTC_ALRMASSMSKR 和 RTC_ALRMARx。

④设置 RTC_CR2 的 ALRAE 位使能闹钟。

⑤在 ALRAE 位置 1 后，闹钟保留了一个有效的 ck_apre 时钟。

可编程的自动唤醒定时器：应该按以下顺序配置或更新唤醒定时器的重装载值：

①清除 RTC_CR2 寄存器的 WUTE 位来关闭唤醒定时器。

②轮询 RTC_ISR1 寄存器的 WUTWF 位，直到它被置位，确保能够访问自动唤醒重装载计数器和WUCKSEL[2:1]，由于时钟同步原因，这需要大约2个 RTCCLK 时钟周期。

③编程唤醒定时器的值（RTC_WUTRL 和 RTC_WUTRH）和选择期望的时钟（WUCKSEL[2:1]）。

④设置 RTC_CR2 寄存器的 WUTE 位来重新使能定时器，唤醒定时器开始向下计数。

7. 读日历数据

当BYPSHAD位被清除时。为了正确地读取RTC日历寄存器，系统的时钟频率必须等于或者大于 4 倍的 RTC 时钟频率，这是为了确保同步机制的安全行为。每次日历寄存器被复制到RTX_SSRx、RTC_TRx 和 RTC_DRx 影子寄存器后，RCT_ISR 寄存器的 RSF 位被置位，每个 RTCCLK 都会执行一次。为了确保数据的一致性，在软件读取日历数据时，所有影子寄存器的更新是被暂停的，直到RTC_DR3 寄存器被读取。如果软件不需要读取微秒值，它可以先读取 RTC_CTR1，直到 RTC_DR3寄存器被读取之前，其他值都是被锁定的（不允许更新）。如果软件读取日历时间的间隔小于1RTCCLK 周期：RSF 位必须在第一次读取后用软件清零，然后必须等到 RSF 位被置位之后，才能再次读取日历影子寄存器。在读取RTC_TR和RTC_DR寄存器之前，必须要等到RSF位被置位。在唤醒低功耗模式后，RSF 位必须被清零，而不是在进入低功耗模式之前。

当BYPSHAD位被置1时（避开影子寄存器）。从日历计数器中直接读取数值，这样不需要等待RSF 位被置位。这个方法对于退出有效停机模式后非常有用，因为在有效停机模式下，影子寄存器没有更新。

在BYPSHAD 位被置 1 时，如果1个RTCCLK发生2个对寄存器的读访问，则由于不连贯可能会导致两次读出的结果不相等。此外，在读期间产生RTCCLK时钟沿，那么其中读取的寄存器值可能不准确，软件必须读取所有寄存器两次，然后根据结果比较，确认数据是一致的和正确的。

8. 复位 RTC

日历的影子寄存器和 RTC 状态寄存器可以被所有有效的系统复位源重置。相反，RTC当前的日历寄存器、控制寄存器、预分频寄存器、唤醒定时器寄存器和闹钟寄存器只能被系统上电复位来重置到默认值，其他系统复位是无效的。当发生系统上电复位，RTC 是停止运行的，它的所有寄存器恢复到默认值。

RTC 还有许多功能，如 RTC 同步、数字时钟平滑校准、篡改检测、校准时钟输出、闹钟输出、低功耗模式、RTC 中断等，具体内容可参考官方手册内容。

9. 电子日历配置

如何使用RTC的电子日历功能，使用LSE或LSI作为RTC时钟源，把读取的日期与时间数据用OLED 显示出来［OLED采用的是0.96寸OLED（4针）］。系统的工作流程：初始化LSE时钟并等待其稳定→初始化RTC→初始化IIC→初始化OLED→读取数据并显示（循环）。这里主要介绍 RTC 的初始化，步骤如下：

① 选择 LSE 作为 RTC 的时钟源。

② 打开 RTC 外设时钟。

③ 配置 RTC 时钟：24 h制、计时时间=1 s。

④ 初始化日期数据。

⑤ 初始化时间数据。

注意：程序中读取出来的数据位为BCD码。

一、硬件准备

1. 显示屏

本任务中仍然选用0.96寸OLED IIC模块如图2.25所示的显示屏。

图 2.25　0.96 寸 OLED 模块

2. 硬件平台

本任务所需硬件平台如下：

➢ 实验平台：STM8L051F3 自行设计开发板。

➢ 下载&仿真器：ST-LINK。

开发板、下载&仿真器和任务一相同，硬件连接图示如图2.26所示。

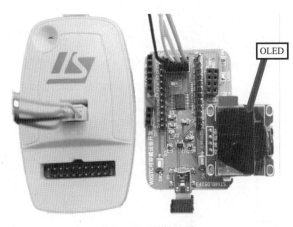

图 2.26 硬件连接

二、软件设计

软件设计主要内容是：初始化IIC（打开IIC外设时钟、使能IIC外设、初始化IIC基础参数、编写IIC读写函数），初始化OLED（OELD的IIC地址为0x78，编写OLED读写数据/命令函数，初始化OLED基础参数）。在主函数中通过显示函数让OLED显示日历和时钟。本项目中因主板对RTC没有焊接LSE外部时钟，利用LSI时钟对RTC提供时钟源。精度上会有误差。

从实际应用电路图2.27可以看出，STM8L051F3单片机与显示屏进行通信是通过PB1、PB2两个引脚，这里通过模拟IIC的方式通信。OLED采用的是0.96寸OLED（4针），在设计的开发板中OLED接口中是用PB1、PB2两个引脚模拟IIC通信实现。可以把显示屏直接插入核心板OLED接口即可，下面详细讲解通过PB1、PB2引进软件模拟IIC通信方式。后面项目的任务中都是采用这种通信方式。实际连接电路如图2.27所示。

GND→GND、VCC→3V3、SCL→PB2、SDA→PB1。

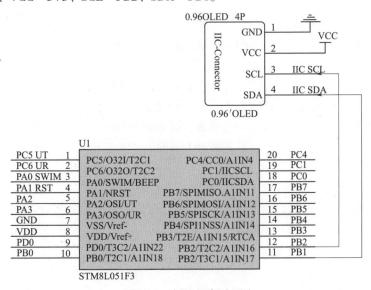

图 2.27 实际电路原理图

工程的配置和建立过程见附录A，工程文件总结构规划如图2.28所示。

图2.28中Lib_stm8l文件夹中存放系统提供的库文件，包含.c 和.h的inc和src两个文件夹。Project文件夹存放工程项目文件。User文件夹存放开发相关文件。User文件夹如图2.29所示。

图 2.28　工程文件总结构规划

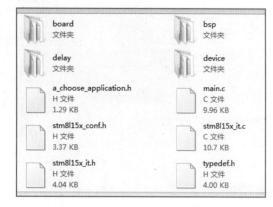

图 2.29　User 文件结构

项目所需导入的函数库和分组规划如图2.30所示。

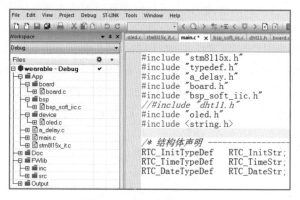

图 2.30　项目开发配置界面

本项目中主要建立App和FWlib两个分组，App主要存放所有用户开发的程序，在App下又建立了board、bsp、device三个子分组，board下存放板级初始化和定义文件，bsp下存放软件实现IIC程序，实现单片机和设备之间的IIC通信，device下存放显示屏处理文件oled.c。主文件main.c和中断文件以及延时文件都直接存放在App分组下面。而且增加了类型宏定义文件typedef.h。FWlib分组下面存放系统提供的函数库。

（1）主程序文件（main.c）

```
/**********************************************
 *  @版本
 *  @日期          2020-1-22
 *  硬件平台         STM8L051F3核心板
 功能：日历时钟显示
 口参数：无
```

```
  出口参数：无
*******************************************/
    #include "stm8l15x.h"
    #include "typedef.h"
    #include "a_delay.h"
    #include "board.h"
    #include "bsp_soft_iic.h"
    #include "oled.h"
    #include <string.h>

    /* ----------结构体声明 ----------*/
    RTC_InitTypeDef    RTC_InitStr;
    RTC_TimeTypeDef    RTC_TimeStr;
    RTC_DateTypeDef    RTC_DateStr;
    /* ------------函数声明 --------------*/
    void LSI_StabTime(void);
    void Calendar_Init(void);
    void show_data_in_oled(u8 x,u8 y,u8 value);
    void Time_Show(u8 x,u8 y);
    void Date_Show(u8 x,u8 y);
    /*******************************
     * @函数名        main
     * @功　能        主函数入口
     * @参　数        无
     * @返回值        无
     *******************************/
    static u32 lSystemFrequency = 0;
    static void clk_configuration(void)
    {
        CLK_SYSCLKDivConfig(CLK_SYSCLKDiv_1);    //16MHz HSI不分频
        while(CLK_GetFlagStatus(CLK_FLAG_HSIRDY)==RESET);
        //等待HSI clock is stable and can be used
        CLK_SYSCLKSourceConfig(CLK_SYSCLKSource_HSI);
        //使用HSI为主时钟源(RESET后默认)
        lSystemFrequency=CLK_GetClockFreq();
    }

    void main(void)
    {
        clk_configuration();            //16MHz HSI
        delay_init(lSystemFrequency/1000000);
        board_init();                   //必要的初始化，其中在OLED显示设备名，需要至少320 ms
        /* 等待1 s, LSI稳定 */
```

```c
    LSI_StabTime();                        //使用LSI时钟源
    Calendar_Init();                       /* RTC初始化 */
    _EINT();
    while (1)
    {
      Time_Show(0,2);                      //读取并显示时间
      Date_Show(0,0);                      //读取并显示日期
    }
}
/***********************************
 * @函数名         Time_Show
 * @功  能         显示时间：时、分、秒
 * @参  数         无
 * @返回值         无
 **********************************/
void Time_Show(u8 x,u8 y)
{
  uint8_t Hours_D,Hours_U;
  uint8_t Minutes_D,Minutes_U;
  uint8_t Seconds_D,Seconds_U;
  char content[17];
  u8 len;
  /* 等待RTC同步 */
  while (RTC_WaitForSynchro() != SUCCESS);
  /* 获取当前时间数据 */
  RTC_GetTime(RTC_Format_BCD, &RTC_TimeStr);
  /* 把读取"时"的数据转码 */
  Hours_D=(uint8_t)(((uint8_t)(RTC_TimeStr.RTC_Hours & 0xF0) >> 4) );
  Hours_U=(uint8_t)(((uint8_t)(RTC_TimeStr.RTC_Hours & 0x0F)) );
  /* 把读取"分"的数据转码 */
  Minutes_D=(uint8_t)(((uint8_t)(RTC_TimeStr.RTC_Minutes & 0xF0) >> 4) );
  Minutes_U=(uint8_t)(((uint8_t)(RTC_TimeStr.RTC_Minutes & 0x0F)) );
  /* 把读取"秒"的数据转码 */
  Seconds_D=(uint8_t)(((uint8_t)(RTC_TimeStr.RTC_Seconds & 0xF0) >> 4) );
  Seconds_U=(uint8_t)(((uint8_t)(RTC_TimeStr.RTC_Seconds & 0x0F)) );
  if(y==0)
  {
    strcpy(content, "DATA: 20");
  }
  else
  {
    strcpy(content, "TIME:");
  }
```

```
convert_num_to_string(Hours_D, (u8*)&content[strlen(content)]);
convert_num_to_string(Hours_U, (u8*)&content[strlen(content)]);
strcat(content, ":");
convert_num_to_string(Minutes_D, (u8*)&content[strlen(content)]);
convert_num_to_string(Minutes_U, (u8*)&content[strlen(content)]);
strcat(content, ":");
convert_num_to_string(Seconds_D, (u8*)&content[strlen(content)]);
convert_num_to_string(Seconds_U, (u8*)&content[strlen(content)]);
len = strlen(content);
while (len<12)
{
  strcat(content, " ");                    //  补空格
  len++;
}
oled_show_string(x, y, (u8*)content);    /* OLED上显示时、分、秒数据 */
}
/*******************************
* @函数名        Date_Show
* @功  能        显示日期: 年、月、日
* @参  数        无
* @返回值        无
*******************************/
void Date_Show(u8 x,u8 y)
{
  uint8_t Years_D,Years_U;
  uint8_t Months_D,Months_U;
  uint8_t Dates_D,Dates_U;
  char content[17];
  u8 len;
  while (RTC_WaitForSynchro() != SUCCESS);        /* 等待RTC同步 */
  RTC_GetDate(RTC_Format_BCD, &RTC_DateStr);      /* 获取当前日期数据 */
  /* 把读取"年"的数据转码 */
  Years_D=(uint8_t)(((uint8_t)(RTC_DateStr.RTC_Year & 0xF0) >> 4) );
  Years_U=(uint8_t)(((uint8_t)(RTC_DateStr.RTC_Year & 0x0F)) );
  /* 把读取"月"的数据转码 */
  Months_D=(uint8_t)(((uint8_t)(RTC_DateStr.RTC_Month & 0xF0) >> 4)) ;
  Months_U=(uint8_t)(((uint8_t)(RTC_DateStr.RTC_Month & 0x0F)) );
  /* 把读取"日"的数据转码 */
  Dates_D=(uint8_t)(((uint8_t)(RTC_DateStr.RTC_Date & 0xF0) >> 4) );
  Dates_U=(uint8_t)(((uint8_t)(RTC_DateStr.RTC_Date & 0x0F)) );
  if(y==0)
  {
    strcpy(content, "DATA: 20");
```

```
    }
    else
    {
        strcpy(content, "TIME:");
    }
    convert_num_to_string(Years_D, (u8*)&content[strlen(content)]);
    convert_num_to_string(Years_U, (u8*)&content[strlen(content)]);
    strcat(content, "-");
    convert_num_to_string(Months_D, (u8*)&content[strlen(content)]);
    convert_num_to_string(Months_U, (u8*)&content[strlen(content)]);
    strcat(content, "-");
    convert_num_to_string(Dates_D, (u8*)&content[strlen(content)]);
    convert_num_to_string(Dates_U, (u8*)&content[strlen(content)]);

    len = strlen(content);
    while(len<12)
    {
        strcat(content, " ");               //  补空格
        len++;
    }
    oled_show_string(x, y, (u8*)content);     /* OLED上显示年、月、日数据 */
}
/*********************************
 * @函数名        Calendar_Init
 * @功  能        RTC初始化
 * @参  数        无
 * @返回值        无
 *********************************/
void Calendar_Init(void)
{
    //选择LSI作为时钟源
    CLK_RTCClockConfig(CLK_RTCCLKSource_LSI, CLK_RTCCLKDiv_1);
    //打开RTC时钟
    CLK_PeripheralClockConfig(CLK_Peripheral_RTC, ENABLE);
    /* RTC时钟源：LSI，计时时间：38000/124/303=1.01s */

    RTC_InitStr.RTC_HourFormat=RTC_HourFormat_24;   //24小时制
    RTC_InitStr.RTC_AsynchPrediv=0x7C;              //异步分频器 124分频
    RTC_InitStr.RTC_SynchPrediv=0x012F;             //同步分频器 303分频
    RTC_Init(&RTC_InitStr);                         //初始化RTC参数

    /* 初始化RTC_DateStr结构体，设置日期数据 */
    RTC_DateStructInit(&RTC_DateStr);               //初始化RTC_DateStr结构体
```

```
    RTC_DateStr.RTC_WeekDay=RTC_Weekday_Thursday;        //星期四
    RTC_DateStr.RTC_Date=28;                              //28日
    RTC_DateStr.RTC_Month=RTC_Month_January;              //1月
    RTC_DateStr.RTC_Year=20;                              //20年
    RTC_SetDate(RTC_Format_BIN, &RTC_DateStr);            //设置日期数据
    /* 初始化RTC_TimeStr结构体, 设置时间数据 */
    RTC_TimeStructInit(&RTC_TimeStr);                     //初始化RTC_TimeStr结构体
    RTC_TimeStr.RTC_Hours=12;                             //12H
    RTC_TimeStr.RTC_Minutes=20;                           //20分
    RTC_TimeStr.RTC_Seconds=00;                           //0秒
    RTC_SetTime(RTC_Format_BIN, &RTC_TimeStr);            //设置时间数据
}
/********************************
 * @函数名        LSE_StabTime
 * @功　能        使用TIM4延迟1S
 * @参　数        无
 * @返回值        无
 ********************************/
//void LSE_StabTime(void)
void LSI_StabTime(void)
{
    /* 使能TIM4时钟 */
    CLK_PeripheralClockConfig(CLK_Peripheral_TIM4, ENABLE);
    /* 配置TIM4大约1s产生一次更新事件, TIM4 时钟为系统时钟, 也就是HSI/8=2MHz, 配置每
    1 ms更新一次应如下设置: 2MHz/(16384×123)约等与1Hz; 16384为预分频值, 123为周期值。频率
    的基本单位是赫兹（Hz）, 简称赫, 1Hz = 1/s, 即在1s单位时间内完成振动的次数*/
    TIM4_TimeBaseInit(TIM4_Prescaler_16384, 123);
    /* 清除更新标志位 */
    TIM4_ClearFlag(TIM4_FLAG_Update);
    /* 使能 TIM4 */
    TIM4_Cmd(ENABLE);
    /* 等待更新事件产生 */
    while(TIM4_GetFlagStatus(TIM4_FLAG_Update) == RESET );
    /* 清除更新标志位 */
    TIM4_ClearFlag(TIM4_FLAG_Update);
    /* 关闭 TIM4 */
    TIM4_Cmd(DISABLE);
    /* 关闭TIM4时钟 */
    CLK_PeripheralClockConfig(CLK_Peripheral_TIM4, DISABLE);
}
#ifdef  USE_FULL_ASSERT
void assert_failed(uint8_t* file, uint32_t line)
{
```

```
    /* User can add his own implementation to report the file name and line number,
    ex: printf( "Wrong parameters value: file %s on line %d\r\n" , file, line) */
    /* Infinite loop */
    while (1)
    {
    }
}
#endif
```

（2）软件模拟IIC通信程序头文件（bsp_soft_iic.h）

```
#ifndef BSP_SOFT_IIC_H
#define BSP_SOFT_IIC_H
#define SOME_NOP()        delay_us(5)
struct iic_pin_t
{
    GPIO_TypeDef* gpio;
    GPIO_Pin_TypeDef pin;
};
struct iic_port_t
{
    struct iic_pin_t scl;
    struct iic_pin_t sda;
};
void soft_iic_io_init(struct iic_port_t * iic);   //初始化设置SCL和SDA为推挽，并输出高电平
void soft_iic_start(struct iic_port_t * iic);
void soft_iic_stop(struct iic_port_t * iic);
bool iic_deliver(struct iic_port_t * iic, u8 data);
u8 iic_collect(struct iic_port_t * iic);
void yes_acknowledge(struct iic_port_t * iic);
void no_acknowledge(struct iic_port_t * iic);
#endif
```

（3）软件模拟IIC通信程序（bsp_soft_iic.c）

```
/********************************
 * File        :    bsp_soft_iic.c
 * Description:    模拟IIC通信
 * Author
 * version        1.0
 * Date           2020-02-05
 ********************************/
#include "stm8l15x.h"
#include "stm8l15x_gpio.h"
#include "typedef.h"
```

```c
#include "board.h"
#include "a_delay.h"
#include "bsp_soft_iic.h"

#define set_iic_output_level(iic,val)  ((0 == val)?GPIO_ResetBits(iic.gpio,
                                iic.pin) : GPIO_SetBits(iic.gpio, iic.pin))
#define get_iic_input_level(iic)  (GPIO_ReadInputDataBit(iic.gpio, iic.pin))

void soft_iic_io_init(struct iic_port_t * iic)
                                //初始化设置SCL和SDA为开漏输出模式，并输出高阻抗
{
  GPIO_Init(iic->sda.gpio, iic->sda.pin, GPIO_Mode_Out_OD_HiZ_Fast);
  //sda 低速OD，初始化输出1
  GPIO_Init(iic->scl.gpio, iic->scl.pin, GPIO_Mode_Out_OD_HiZ_Fast);
  //scl 低速OD，初始化输出1
}
// 所有改变SDA电平的操作均应在SCL=0时进行，否则会触发开始或结束命令
/***********************************************************
  1. 开始子程序： 在SCL=1时，SDA从1变为0，启动IIC通信
***********************************************************/
void soft_iic_start(struct iic_port_t * iic)
{
    set_iic_output_level(iic->scl, 0);
    // 先使SCL=0，为SDA上的电平改变做准备
    SOME_NOP();
    GPIO_Init(iic->sda.gpio, iic->sda.pin, GPIO_Mode_Out_OD_HiZ_Fast);
    // sda 低速推挽，初始化输出1
    set_iic_output_level(iic->sda, 1);
    // SDA=1，此时SDA的电平变化对通信双方没有影响
    SOME_NOP();
    set_iic_output_level(iic->scl, 1);
    // SCL=1
    SOME_NOP();
    set_iic_output_level(iic->sda, 0);
    // SDA=0，产生下降沿，启动IIC通信
    SOME_NOP();
    set_iic_output_level(iic->scl, 0);
    // SCL=0，为SDA上的电平改变做准备
    SOME_NOP();
}

/***********************************************************
```

```
    2. 结束子程序：  在SCL="1"时，SDA由0变1
***********************************************************/
    void soft_iic_stop(struct iic_port_t * iic)
    {
      set_iic_output_level(iic->scl, 0);
      //先使SCL=0，为SDA上的电平改变做准备
      SOME_NOP();
      GPIO_Init(iic->sda.gpio, iic->sda.pin, GPIO_Mode_Out_OD_HiZ_Fast);
      //sda 低速推挽，初始化输出1
      SOME_NOP();
      set_iic_output_level(iic->sda, 0);
      //SDA=0，此时SDA的电平变化对通信双方没有影响
      SOME_NOP();
      set_iic_output_level(iic->scl, 1);          //SCL=1
      SOME_NOP();
      set_iic_output_level(iic->sda, 1);
      //SDA=1，结束IIC通信
      SOME_NOP();
      //SDA在结束后维持在高电平，如果有干扰脉冲产生而使得SDA变低，则干扰过后会恢复高电平。此时
        SCL如果因干扰而处于高电平，则触发的是结束命令，对器件不会产生影响
      return;
    }


/***********************************************************
    3. 向外设传送一字节数据子程序：如果成功返回 TRUE，否则返回FALSE
***********************************************************/
    bool iic_deliver(struct iic_port_t * iic, u8 data)
    {
      u8 m;
      GPIO_Init(iic->sda.gpio, iic->sda.pin, GPIO_Mode_Out_OD_HiZ_Fast);
      //sda 低速推挽，初始化输出1
      for(m = 0; m < 8; m++)
      {
          set_iic_output_level(iic->scl, 0);
          //SCL=0，为SDA上的电平改变做准备
          SOME_NOP();
          if(data & BIT7)  // 0x80
           //由最高位开始发送
            {
                set_iic_output_level(iic->sda, 1);
            }
            else
            {
                set_iic_output_level(iic->sda, 0);
```

```
        }
        SOME_NOP();
        set_iic_output_level(iic->scl, 1);
        //  SCL="1"，产生上升沿，发送一位数据
        SOME_NOP();
        data <<= 1;
    }
    set_iic_output_level(iic->scl, 0);
    //清SCL="0"，产生下降沿，器件使SDA="0"
    SOME_NOP();
    GPIO_Init(iic->sda.gpio, iic->sda.pin, GPIO_Mode_In_FL_No_IT);
    //SDA改为输入，准备接收确认应答
    set_iic_output_level(iic->scl, 1);
    //SCL="1"，让CPU在此期间读取SDA上的信号
    for(m=0; m<8; m++)
    {
        SOME_NOP();

        if(get_iic_input_level(iic->sda) == 0)
        {
            set_iic_output_level(iic->scl, 0);
            //清SCL="0"，为SDA上的电平改变做准备
            return TRUE;
            //收到正确的低电平应答
        }
    }

    set_iic_output_level(iic->scl, 0);
    //清SCL="0"，为SDA上的电平改变做准备
    return FALSE;
    //等待应答超时
}

/*******************************************************
    4. 从外设接收一字节数据子程序：SCL产生下降沿，器件串行输出一位数据
*******************************************************/
u8 iic_collect(struct iic_port_t * iic)
{
    u8 m, data;
    GPIO_Init(iic->sda.gpio, iic->sda.pin, GPIO_Mode_In_FL_No_IT);
    //SDA改为输入，准备接收数据
    data=0;
```

```
        for(m=0; m<8; m++)
        {
            set_iic_output_level(iic->scl, 0);
            //SCL="0"，产生下降沿，器件串行输行输出一位数据
            SOME_NOP();
            set_iic_output_level(iic->scl, 1);
            //置SCL="1"，让CPU在此期间读取SDA上的信号
            SOME_NOP();
            data <<= 1;
            if(get_iic_input_level(iic->sda))
            {
                data |= BIT0;
            }
            else
            {
                data &= (~BIT0);
            }
        }
    set_iic_output_level(iic->scl, 0);
    //清SCL="0"，为SDA上的电平改变做准备
    return data;
    }
*************************************************************
    5. 向外设发出应答确认命令子程序：
        未读完，CPU发低电平确认应答信号，以便读取下8位数据
*************************************************************/
    void yes_acknowledge(struct iic_port_t * iic)
    {
        GPIO_Init(iic->sda.gpio, iic->sda.pin, GPIO_Mode_Out_OD_HiZ_Fast);
        //sda 低速推挽，初始化输出1
        set_iic_output_level(iic->sda, 1);    //SDA输出高电平
        set_iic_output_level(iic->sda, 0);    //清SDA="0"，CPU发低电平确认信号
        SOME_NOP();
        set_iic_output_level(iic->scl, 1);    //置SCL="1"，产生上升沿，发送一位确认数据
        SOME_NOP();
        set_iic_output_level(iic->scl, 0);    //清SCL="0"，为SDA上的电平改变做准备
        return;
    }
/*************************************************************
    6. 向外设发出非应答确认命令子程序：
        已读完所有的数据，CPU发"高电平非应答确认"信号
*************************************************************/
    void no_acknowledge(struct iic_port_t * iic)
```

```
{
    GPIO_Init(iic->sda.gpio, iic->sda.pin, GPIO_Mode_Out_OD_HiZ_Fast);
    //sda 低速推挽，初始化输出1
    set_iic_output_level(iic->sda, 1);   //置SDA="1"，CPU发"高电平非应答确认"信号
    SOME_NOP();
    set_iic_output_level(iic->scl, 1);   //置SCL="1"，产生上升沿，发送一位确认数据
    SOME_NOP();
    set_iic_output_level(iic->scl, 0);   //清SCL="0"，为SDA上的电平改变做准备
    return;
}
```

（4）板级函数定义和初始化程序头文件（board.h）

```
#define LED4_PORT    GPIOB
#define LED4_PIN    GPIO_Pin_4
#define LED4_OPEN    (GPIO_SetBits(LED4_PORT, LED4_PIN))
#define LED4_OFF   (GPIO_ResetBits(LED4_PORT, LED4_PIN))
void board_init(void);
bool convert_num_to_string(u8 num, u8 *str);
void system_time_self_increasing(void);
u32 get_system_time(void);
u32 cal_absolute_value(u32 a, u32 b);     //计算两数相减的绝对值
u8 get_tick_count(u32 *count);
void LED(u8 i);
```

（5）板级函数定义和初始化程序（board.c）

```
#include "stm8l15x.h"
#include "typedef.h"
#include "board.h"
#include "oled.h"
static vu32 lSystemTimeCountInMs=0;        //最大49.7天会溢出
//static vu8 cTimerHasBeenUpdated=FALSE;
//引脚初始化函数
static void gpio_configuration(void)
{
    GPIO_Init(LED2_PORT, LED1_PIN, GPIO_Mode_Out_PP_Low_Fast);
    //传感器供电控制引脚推挽初始化低电平, push-pull, low level, 10MHz
}
static void display_device_name(void)
{
    oled_show_string(0, 5, "www.wxstc.cn");
}
//数字转字符串函数
bool convert_num_to_string(u8 num, u8 *str)
```

```c
{
    u8 len=0;
    s32 mark=1000000000;
    if(NULL==str)
    {
        return FALSE;
    }
    if(0==num)
    {
        str[0]='0';
        str[1]='\0';
        return TRUE;
    }
    else if (num<0)
    {
        num = -num;
        str[len ++] = '-';
    }

    while ((num / mark) == 0)
    {
        mark /= 10;
    }

    while (mark>0)
    {
        str[len ++] = (num / mark) + 0x30;
        num %= mark;
        mark /= 10;
    };
    str[len ++] = '\0';

    return TRUE;
}

void system_time_self_increasing(void)
{
    lSystemTimeCountInMs++;
}
u32 get_system_time(void)
{
    return lSystemTimeCountInMs;
}
```

```
u8 get_tick_count(u32 *count)
{
    count[0]=lSystemTimeCountInMs;
    return 0;
}

//void set_timer_update_flag(u8 value)
//{
//     cTimerHasBeenUpdated=value;
//}

//u8 get_timer_update_flag(void)
//{
//     return cTimerHasBeenUpdated;
//}

u32 cal_absolute_value(u32 a, u32 b)               //计算两数相减的绝对值
{
    return ((a>b)? (a - b):(b - a));
}

void board_init(void)
{
    //timer_configuration();                       //1ms 定时更新中断，定时器
    gpio_configuration();

    oled_init();
    display_device_name();                         //在OLED显示设备名，需要至少320 ms
}

void LED(u8 i)
{
  if(i%3==0)
  {
    LED1_OPEN;
  }
  else
  {
    LED1_OFF;
  }
}
```

（6）OLED显示屏驱动头文件（oled.h）

```
#ifndef OLED_H
#define OLED_H

#define OLED_SCL_PORT    GPIOB
#define OLED_SCL_PIN     GPIO_Pin_2
#define OLED_SDA_PORT    GPIOB
#define OLED_SDA_PIN     GPIO_Pin_1
#define OLED_RST_PORT    GPIOB
#define OLED_RST_PIN     GPIO_Pin_3

#define SET_OLED_RST_HIGH    (GPIO_SetBits(OLED_RST_PORT, OLED_RST_PIN))
#define CLR_OLED_RST_LOW     (GPIO_ResetBits(OLED_RST_PORT, OLED_RST_PIN))
void oled_init(void);
void oled_show_string(uint8_t x, uint8_t y, uint8_t * p);
void OLED_ShowChar(uint8_t x, uint8_t y, uint8_t chr, uint8_t mode);
#endif
```

（7）OLED显示屏驱动文件（oled.c）

oled.c是显示屏相关处理函数，使用软件实现IIC与STM8L通信，显示中用到的字符字模编码因篇幅的限制会在随书代码中提供，后面任务中关于显示屏处理的都是调用此函数相关内容。本函数要求同学们了解其工作原理，会使用即可。了解详细内容请查看OLED使用手册。函数定义如下：

```
#include "stm8l15x.h"
#include "typedef.h"
#include "a_delay.h"
#include "bsp_soft_iic.h"
#include "oled.h"
extern const unsigned char asc2_1608[95][16];    //asc2_1608[95][16]字模数组
static struct iic_port_t s_tOledIic =            //配置IIC总线引脚
{
    .scl.gpio=OLED_SCL_PORT,
    .scl.pin=OLED_SCL_PIN,
    .sda.gpio=OLED_SDA_PORT,
    .sda.pin=OLED_SDA_PIN
};


static void io_of_oled_init(void)
{
    GPIO_Init(OLED_SCL_PORT, OLED_SCL_PIN, GPIO_Mode_Out_OD_HiZ_Fast);
    GPIO_Init(OLED_SDA_PORT, OLED_SDA_PIN, GPIO_Mode_Out_OD_HiZ_Fast);
    GPIO_Init(OLED_RST_PORT, OLED_RST_PIN, GPIO_Mode_Out_PP_Low_Fast);
}
```

```c
/*================================================================
 * function : OLED_I2C_SendGCMD
 * Describe :
 ================================================================*/
static void OLED_I2C_SendGCMD(uint8_t Command)
{
    soft_iic_start(&s_tOledIic);
    iic_deliver(&s_tOledIic,0x78);     //Slave Address b7 b6 b5 b4 b3 b2 b1 b0
    iic_deliver(&s_tOledIic,0x00);     //Control byte CO D/C# 00000000
    iic_deliver(&s_tOledIic,Command);
    soft_iic_stop(&s_tOledIic);
}
/*================================================================
 * function : OLED_I2C_SendGData
 * Describe :
 ================================================================*/
static void OLED_I2C_SendGData(uint8_t Data)
{
#if 1
    soft_iic_start(&s_tOledIic);
    iic_deliver(&s_tOledIic,0x78);     //Slave Address b7 b6 b5 b4 b3 b2 b1 b0
    iic_deliver(&s_tOledIic,0x40);     //Control byte CO D/C# 01000000
    iic_deliver(&s_tOledIic,Data);
    soft_iic_stop(&s_tOledIic);
#else
    OLED_I2C_Start();
    OLED_I2C_SendByte(0x78);                //Slave Address b7 b6 b5 b4 b3 b2 b1 b0
    OLED_I2C_SendByte(0x40);                //Control byte CO D/C# 01000000
    OLED_I2C_SendByte(Data);
    OLED_I2C_Stop();
#endif
}


/*================================================================
 * function : OLED_Clear
 * Describe :
 ================================================================*/
static void OLED_Clear(void)
{
    uint8_t i, n;
    soft_iic_start(&s_tOledIic);
    OLED_I2C_SendGCMD(0xA1); // Remap
    for (i=0; i<8; i++)
```

```c
    {
        OLED_I2C_SendGCMD(0xb0 + i);
        OLED_I2C_SendGCMD(0x0);
        OLED_I2C_SendGCMD(0x10);
        for (n=0; n<128; n++)
        {
            OLED_I2C_SendGData(0);
        }
    }
    soft_iic_stop(&s_tOledIic);
}


/*================================================================
* function : OLED_DrawPointLine
* Describe :
================================================================*/
static void OLED_DrawPointLine(uint8_t ( * lineBuff)[2], uint8_t x, uint8_t y, uint8_t t)
{
    if (x>63 || y>15) {
        return;
    }

    if (t)
    {
        lineBuff[x][y / 8] |= (1 << (y % 8));
    }
    else
    {
        lineBuff[x][y / 8] &= ~(1 << (y % 8));
    }
}


/*================================================================
* function : OLED_outLine
* Describe :
================================================================*/
static void OLED_outLine(uint8_t (*lineBuff)[2], uint8_t x, uint8_t y, uint8_t len)
{
    uint8_t i, n;

    soft_iic_start(&s_tOledIic);
    OLED_I2C_SendGCMD(0xA1); // Remap
    for (i = 0; i < 2; i++)
```

```c
    {
        OLED_I2C_SendGCMD(0xb0+i+y);
        OLED_I2C_SendGCMD(0x00+(x & 0x0f));
        OLED_I2C_SendGCMD(0x10+(x >> 4));
        for (n=0; n<len; n++)
        {
            OLED_I2C_SendGData(lineBuff[n][i]);
        }
    }
    soft_iic_stop(&s_tOledIic);
}


/*================================================================
* function : OLED_ShowChar
* Describe :
=================================================================*/
static void OLED_ShowChar(uint8_t x, uint8_t y, uint8_t chr, uint8_t mode)
{
    uint8_t lineBuff[16][2];
    uint8_t temp, t, t1;

    chr = chr - ' ';
    for (t=0; t<16; t++)
    {
        temp=asc2_1608[chr][t];
        for (t1=0; t1<8; t1++)
        {
            if (temp & 0x80)
            {
                OLED_DrawPointLine(lineBuff, (t / 2), (((t & 1) * 8) + t1), 1);
            }
            else
            {
                OLED_DrawPointLine(lineBuff, (t / 2), (((t & 1) * 8) + t1), 0);
            }
            temp <<= 1;
        }
    }
    OLED_outLine(lineBuff, x * 8, y, 8);
}


/*================================================================
* function : OLED_ShowString
```

```
* Describe :
===================================================================*/
void oled_show_string(uint8_t x, uint8_t y, uint8_t * p)
{
    #define MAX_CHAR_POSX 16
    #define MAX_CHAR_POSY 8

    while ( * p != '\0')
    {
        if (x>MAX_CHAR_POSX)
        {
            x=0;
            y ++;
        }
        if (y>MAX_CHAR_POSY)
        {
            y=x=0;    //sOLED_Clear();
        }
        OLED_ShowChar(x, y, * p, 1);
        x ++;
        p++;
    }
}


/*=================================================================
* function : OLED_Init
* Describe :初始化函数
===================================================================*/
void oled_init(void)
{
    io_of_oled_init();
    delay_ms(2);                //等待供电电压稳定
    CLR_OLED_RST_LOW;
    delay_ms(1);                //at least 3 μs
    SET_OLED_RST_HIGH;
    delay_ms(2);                //等待电压稳定
    OLED_I2C_SendGCMD(0xAE); //关闭显示
    OLED_I2C_SendGCMD(0xD5); //设置时钟分频因子，震荡频率
    OLED_I2C_SendGCMD(0x80); //[3:0],分频因子;[7:4],震荡频率
    OLED_I2C_SendGCMD(0xA8); //设置驱动路数
    OLED_I2C_SendGCMD(0X3F); //默认0X3F(1/64)
    OLED_I2C_SendGCMD(0x40); //设置显示开始行[5:0],行数
    OLED_I2C_SendGCMD(0xA1); //Remap
```

```
    OLED_I2C_SendGCMD(0xC8);  //Scan direction
    OLED_I2C_SendGCMD(0xDA);  //设置COM硬件引脚配置
    OLED_I2C_SendGCMD(0x12);  //[5:4]配置
    OLED_I2C_SendGCMD(0x81);  //对比度设置
    OLED_I2C_SendGCMD(0xEF);  // 1~255;默认0X66(亮度设置，越大越亮)
    OLED_I2C_SendGCMD(0xD9);  //设置预充电周期
    OLED_I2C_SendGCMD(0xF1);  //[3:0], PHASE 1;[7:4], PHASE 2;
    OLED_I2C_SendGCMD(0xDB);  //设置VCOMH电压倍率
    OLED_I2C_SendGCMD(0x30);  //[6:4] 000,0.65*vcc;001,0.77*vcc;011,0.83*vcc
    OLED_I2C_SendGCMD(0xB0);  // set page address
    OLED_I2C_SendGCMD(0xA4);  //全局显示开启;bit0:1, 开启;0, 关闭;(白屏/黑屏)
    OLED_I2C_SendGCMD(0xA6);  //设置显示方式;bit0:1, 反相显示;0, 正常显示
    OLED_I2C_SendGCMD(0xD3);  //设置显示偏移
    OLED_I2C_SendGCMD(0X00);  //默认为0
    OLED_I2C_SendGCMD(0x00);  //set lower column addres
    OLED_I2C_SendGCMD(0x10);  //set higher column address
    OLED_I2C_SendGCMD(0x20);  //设置内存地址模式
    OLED_I2C_SendGCMD(0x02);  //[1:0],00, 列地址模式;01, 行地址模式;10,页地址模式;默认10
    OLED_I2C_SendGCMD(0xA1);  //段重定义设置, bit0:0,0->0;1,0->127;
    OLED_I2C_SendGCMD(0x8d);  //set charge pump enable
    OLED_I2C_SendGCMD(0x14);
    OLED_Clear();             //先清显示信息
    OLED_I2C_SendGCMD(0xAF);  //开启显示
}
//因篇幅有限这里没有列出字符字模数据。读者可以在随书源码中下载
```

（8）延时函数定义文件（a_delay.h）

```
#ifndef  A_DELAY_H
#define  A_DELAY_H
void delay_init(u8 clk);  //延时函数初始化
void delay_us(u16 nus);   //μs级延时函数，最大65536μs
void delay_ms(u32 nms);   //ms级延时函数
#endif
```

（9）延时函数定义文件（a_delay.c）

```
/********************* *********
 * File       : delay.c
 * Description: 延时函数定义
 * Date        2020-02-3
 *version      1.0
 ***************************/


/*当使用HSI且为16MHz的延迟函数*/
```

```
#include "stm8l15x.h"
#include "typedef.h"
#include "a_delay.h"
vu8 fac_us=0;                    //us延时倍乘数
//延时函数初始化
//为确保准确度，请保证时钟频率最好为4的倍数，最低8MHz
//clk:时钟频率(24/16/12/8等)
void delay_init(u8 clk)
{
    if(clk>16)
    {
        fac_us=(16-4)/4;         //24 MHz时，STM8大概19个周期为1μs
    }
    else if(clk>4)
    {
        fac_us=(clk-4)/4;
    }
    else
    {
        fac_us=1;
    }
}
//延时nus
//延时时间=(fac_us*4+4)*nus*(T)
//其中，T为CPU运行频率(MHz)的倒数,单位为μs
//准确度：
//92%  @24Mhz
//98%  @16Mhz
//98%  @12Mhz
//86%  @8Mhz
void delay_us(u16 nus)
{
    __asm(
    "PUSH A    \n"          //1T, 压栈
    "DELAY_XUS: \n"
    "LD A,fac_us \n"        //1T, fac_us加载到累加器A
    "DELAY_US_1: \n"
    "NOP  \n"              //1T, nop延时
    "DEC A  \n"            //1T, A--
    "JRNE DELAY_US_1 \n"   //不等于0,则跳转(2T)到DELAY_US_1继续执行, 若等于0, 则不跳转(1T)
    "NOP     \n"           //1T,nop延时
    "DECW X   \n"          //1T,x--
    "JRNE DELAY_XUS  \n"   //不等于0,则跳转(2T)到DELAY_XUS继续执行, 若等于0, 则不跳转(1T)
```

```
    "POP A    \n"              //1T,出栈
    );
}
//为保证准确度, nms不要大于16640
void delay_ms(u32 nms)
{
    u8 t;
    if(nms>65)
    {
        t=nms/65;
        while(t--)delay_us(65000);
        nms=nms%65;
    }
    delay_us(nms*1000);
}
```

（10）相关类型定义文件（typedef.h）

```
#ifndef __TYPEDEF_H_
#define __TYPEDEF_H_
//typedef unsigned char        uint8_t;
//typedef unsigned long        uint32_t;
//typedef unsigned short       uint16_t;

typedef unsigned char   u1;
typedef unsigned long   u4;
typedef unsigned short  u2;

typedef signed long     s4;
typedef signed char     s1;
typedef signed short    s2;

//typedef signed long    s32;
//typedef signed short   s16;
//typedef signed char    s8;

typedef volatile signed long     vs32;
typedef volatile signed short    vs16;
typedef volatile signed char     vs8;

//typedef unsigned long    u32;
//typedef unsigned short   u16;
//typedef unsigned char    u8;
//typedef u1       u8;
```

```
//typedef u2     u16;
//typedef u4     u32;
typedef const u1 CODE_DATA;
typedef const u4 CODE_DATA4;

typedef unsigned char*   PEEPROM;
typedef unsigned short*  PWEEPROM;

typedef unsigned long  const  uc32;   /* Read Only */
typedef unsigned short const  uc16;   /* Read Only */
typedef unsigned char  const  uc8;    /* Read Only */

typedef volatile unsigned long   vu32;
typedef volatile unsigned short  vu16;
typedef volatile unsigned char   vu8;

typedef volatile unsigned long  const  vuc32; /* Read Only */
typedef volatile unsigned short const  vuc16; /* Read Only */
//#ifndef FALSE
//    #define                FALSE 0
//#endif
//#ifndef TRUE
//    #define                TRUE  1
//#endif
#ifndef _NOP
#define _NOP()              nop()
#endif
#define _EINT()             enableInterrupts()
#define _DINT()             disableInterrupts()

#ifndef NULL
#define NULL ((void *)0)
#endif

//#define BIT(x)       (1<<(x))
#define BIT0           (0x00000001)
#define BIT1           (0x00000002)
#define BIT2           (0x00000004)
#define BIT3           (0x00000008)
#define BIT4           (0x00000010)
#define BIT5           (0x00000020)
#define BIT6           (0x00000040)
#define BIT7           (0x00000080)
```

```
#define BIT8              (0x00000100)
#define BIT9              (0x00000200)
#define BITA              (0x00000400)
#define BITB              (0x00000800)
#define BITC              (0x00001000)
#define BITD              (0x00002000)
#define BITE              (0x00004000)
#define BITF              (0x00008000)

#define BITG              (0x00010000)
#define BITH              (0x00020000)
#define BITI              (0x00040000)
#define BITJ              (0x00080000)
#define BITK              (0x00100000)
#define BITL              (0x00200000)
#define BITM              (0x00400000)
#define BITN              (0x00800000)

#define BITO              (0x01000000)
#define BITP              (0x02000000)
#define BITQ              (0x04000000)
#define BITR              (0x08000000)
#define BITS              (0x10000000)
#define BITT              (0x20000000)
#define BITU              (0x40000000)
#define BITV              (0x80000000)

#define BIT00             (0x00000001)
#define BIT01             (0x00000002)
#define BIT02             (0x00000004)
#define BIT03             (0x00000008)
#define BIT04             (0x00000010)
#define BIT05             (0x00000020)
#define BIT06             (0x00000040)
#define BIT07             (0x00000080)

#define BIT08             (0x00000100)
#define BIT09             (0x00000200)
#define BIT10             (0x00000400)
#define BIT11             (0x00000800)
#define BIT12             (0x00001000)
#define BIT13             (0x00002000)
```

```
#define BIT14          (0x00004000)
#define BIT15          (0x00008000)

#define BIT16          (0x00010000)
#define BIT17          (0x00020000)
#define BIT18          (0x00040000)
#define BIT19          (0x00080000)
#define BIT20          (0x00100000)
#define BIT21          (0x00200000)
#define BIT22          (0x00400000)
#define BIT23          (0x00800000)

#define BIT24          (0x01000000)
#define BIT25          (0x02000000)
#define BIT26          (0x04000000)
#define BIT27          (0x08000000)
#define BIT28          (0x10000000)
#define BIT29          (0x20000000)
#define BIT30          (0x40000000)
#define BIT31          (0x80000000)
/*因为STM81的IO口是8位一组的，所以在IO口操作时习惯上认为BIT0就是0x01，BIT7就是0X80，其
他类似*/
#endif
```

三、软硬件联调

① 连接硬件。

② 编译：Project→Make（快捷键F7）。

③ 下载：Project→Download and Debug（快捷键Ctrl+D）。

④ 效果：OLED显示当前的日历和时间。

效果如图2.31所示。

图 2.31　实验结果显示

本任务完成了STM8L单片机与OLED的软件实验IIC通信，正确显示了日历信息，后续章节的项目都是在本项目的基础上扩展开发。采集可穿戴传感器的数据，进行处理后在OLED上显示检测和处理的结果数据。

任务拓展

1. 修改相应程序，实现显示星期几的功能。

2. 修改相应程序，实现当星期五18点时让OLED显示"周末快乐"。

思考与问答

1. 什么是IIC通信？理解IIC通信的读写时序？

2. 什么是RTC，如何读取RTC的时间和日历？

3. 简述RTC的初始化步骤。

4. 在软件实现IIC通信中，若OLED和STM8L单片机通过PB5、PB6连接，通过任务二的实例，阐述两者之间如何实现IIC通信？

项目三
设计开发环境紫外线监测器

随着物质条件的不断改善和科技能力的提高，人们不仅仅满足于吃饱穿暖，更为关注环境的安全、方便与舒适，以及能实时了解自然环境的变化对人体各项健康指标的影响。可穿戴设备、智能化家居等产品的出现，不断满足人们对高水平生活质量的追求。

环境监控在现实生活中有着广泛的应用，譬如通过对光照强度的检测控制路灯的自动亮灭；通过对环境温度和土壤温湿度的实时检测完成智能化农业种植；通过对紫外线强度的检测可以提醒人们做好防护，减少紫外线对皮肤的伤害或者利用紫外线的特性做更多有益于人类的事情等。

本项目分两个任务，第一个任务通过环境温度传感器实时了解环境温湿度的变化，为智能化农业和智能化家居等领域提供科学依据；第二个任务开发一个可以实时检测室内外紫外线强度的自动检测器。

知识点

➢DHT11温湿度传感器。

➢DHT11温湿度传感器时序。

➢DHT11数据格式。

➢紫外线检测传感器。

➢紫外线检测原理。

➢紫外线传感器电路。

➢紫外线传感器检测算法。

技能点

使用数字传感器DHT11采集温湿度。

使用紫外线传感器采集紫外线数据。

任务一　设计开发环境温湿度检测器

在本任务中，主要介绍DHT11温湿度传感器的原理和时序，给出了项目的开发原理和程序流程图。最后给出环境温湿度检测器的单片机STM8L051F3程序。硬件开发平台与以上任务相同，最终实现软硬件联调。

视 频

项目的实现原理与程序分析

任务描述

利用STM8L051F3和DHT11温湿度传感器设计并制作自动环境温湿度检测器，并在OLED显示屏上显示测得的温湿度数据。

相关知识

1. DHT11温湿度传感器

DHT11温湿度传感器可以用来测量环境的温湿度，传感器外观如图3.1所示。

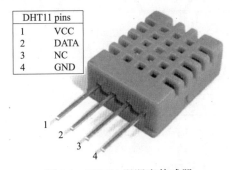

DHT11 pins	
1	VCC
2	DATA
3	NC
4	GND

图 3.1　DHT11 温湿度传感器

DHT11温湿度传感器的特性如下：

➢　工作电压范围：3.3~5.5 V。

➢　工作电流：平均0.5 mA。

➢　输出：单总线数字信号。

➢　测量范围：湿度20%~90%RH，温度0~50℃。

➢　精度：湿度 ± 5%，温度 ± 2℃。

➢　分辨率：湿度1%，温度1℃。

DHT11温湿度传感器采用单总线数据格式。单个数据引脚端口完成输入/输出双向传输。其数据包由5字节（40位）组成。数据分小数部分和整数部分，一次完整的数据传输为40位，高位先出。

DHT11的数据格式为：8位湿度整数数据+8位湿度小数数据+8位温度整数数据+8位温度小数数据+8位校验和。其中校验和数据为前四个字节相加。

2. DHT11温湿度传感器的时序和数据处理

DHT11 温湿度传感器数据发送流程如图3.2所示。

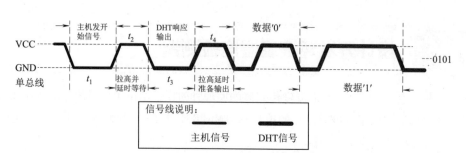

图 3.2　DHT11 温湿度传感器数据发送流程

首先主机发送开始信号，即：拉低数据线，保持t_1（至少18 ms）时间，然后拉高数据线t_2（20~40 μs）时间，然后读取DHT11的响应，正常的话，DHT11会拉低数据线，保持t_3（40~50 μs）时间，作为响应信号，然后DHT11拉高数据线，保持t_4（40~50 μs）时间后，开始输出数据。

DHT11输出数字'0'的时序如图3.3所示。

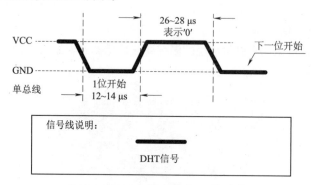

图 3.3　DHT11 输出数字 '0' 的时序

DHT11输出数字'1'的时序如图3.4所示。

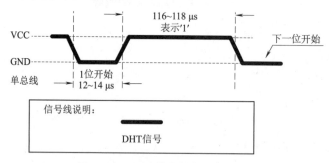

图 3.4　DHT11 输出数字 '1' 的时序

传感器数据输出的是未编码的二进制数据。数据（湿度、温度、整数、小数）之间应该分开处理。例如，某次从DHT11读到的数据如图3.5所示。

```
字节4        字节3        字节2       字节1        字节0
00101101   00000000   00011100   00000000   01001001
整数          小数       整数         小数       校验和
      湿度                    温度              校验和
```

图 3.5　DHT11 读到的数据格式

由以上数据就可得到湿度和温度的值，计算方法：

湿度= 字节4 . 字节3=45.0（%RH）

温度= 字节2 . 字节1=28.0（℃）

校验= 字节4+ 字节3+ 字节2+ 字节1=73（校验正确）

一、硬件准备

1. DHT11 温湿度传感器模块

为了学习实验方便，选择图3.6所示的DHT11温湿度传感器模块，此模块可以直接插入开发板的相应的扩展插口。

图 3.6　DHT11 温湿度传感器

二、硬件平台

本试验所需硬件平台如下：

➢ 实验平台：STM8L051F3 自行设计开发板。

➢ 下载&仿真器：ST-LINK。

开发板、下载&仿真器和以上项目相同，硬件连接图示如图3.7所示。

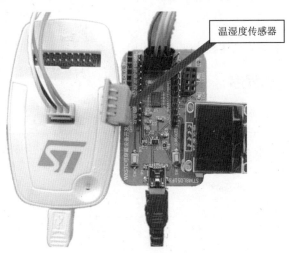

图 3.7　硬件连接图

三、软件设计

1. DHT11 温湿度传感器原理图

DHT11 温湿度传感器原理图如图3.8所示。

2. DHT11 温湿度传感器接口连接原理图

温湿度传感器接口连接原理图如图3.9所示。

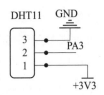

图 3.8　DHT11 温湿度传感器原理图

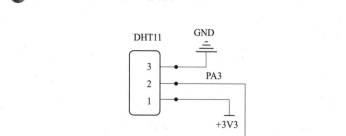

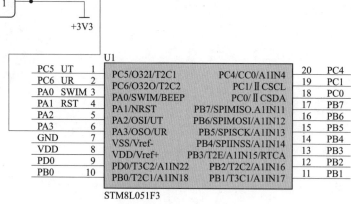

图 3.9　温湿度传感器接口连接原理图

从图3.9温湿度传感器接口连接原理图可以看到，电路STM8L051F3芯片通过PA3引脚与传感器连接，按照时序的数据传输规则采集温湿度数据。

3. 程序流程图

根据以上分析，程序编写的具体程序如图3.10所示。

四、编写温湿度检测程序

工程的配置和建立过程见附录A，工程文件结构规划如图3.11所示。

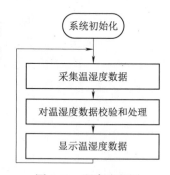

图 3.10　程序流程图

图 3.11　工程文件划分

Lib_stm8l文件夹下保存系统提供的库文件相关的两个文件夹INC和SRC，Project文件夹保存项目建立的相关文件，都是项目建立过程中系统自动生成的文件，User文件夹保存自己建立的文件，User文件夹的详细内容如图3.12所示。

board文件夹中保存底层硬件的初始化文件board.h和board.c文件。Bsp文件夹保存软件实现IIC文件bsp_soft_iic.h和bsp_soft_iic.c文件，delay文件夹保存延时函数相关文件a_delay.h和a_delay.c文件，device文件夹保存相关传感器处理函数和显示处理函数。

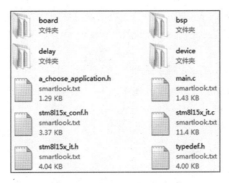

图 3.12　3User 文件夹内容

项目所需导入的函数库和分组规划如图3.13所示。

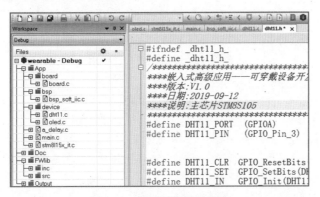

图 3.13　项目开发设置界面

首先在项目二的基础上，在任务二的device分组中添加温湿度传感器处理相关文件dht11.h和dht11.c文件。其他文件的建立和设置与项目二相同，以后的项目学习都在项目二的基础上进行。这里只列出需要添加更新的文件代码。

1. 温湿度读取头文件程序（dht11.h）

```
#ifndef _dht11_h_
#define _dht11_h_
/*********************************************
****嵌入式高级应用——可穿戴设备开发
****版本:V1.0
****日期:2020-02-12
****说明:主芯片STM8S105
*********************************************/
//定义PA3引脚
#define DHT11_PORT   (GPIOA)
#define DHT11_PIN    (GPIO_Pin_3)
//定义PA3引脚的工作状态
#define DHT11_CLR   GPIO_ResetBits(DHT11_PORT,DHT11_PIN);
#define DHT11_SET   GPIO_SetBits(DHT11_PORT,DHT11_PIN);
```

```c
#define DHT11_IN   GPIO_Init(DHT11_PORT,DHT11_PIN, GPIO_Mode_In_PU_No_IT);
#define DHT11_OUT  GPIO_Init(DHT11_PORT,DHT11_PIN,  GPIO_Mode_Out_PP_High_Fast);
void DHT11_Init(void);
unsigned int DHT11_Start(void);
unsigned char DHT11_ReadValue(void);
unsigned char Get_data(unsigned char *buf);
void show_data_in_oled(u8 y,u8 value);
#endif
```

2. 温湿度读取程序（dht11.c）

依据温湿度传感器的工作时序设计温湿度传感器的数据采集和处理相关函数。

```c
/***********************************************
温湿度检测
版本:V1.0
说明:主芯片STM8S105C4T6
***********************************************/
#include "stm8l15x.h"
#include "dht11.h"
#include "board.h"
#include <string.h>
#include "oled.h"
#include "a_delay.h"
/**********************************
函数名称: DHT11_Init()
函数功能:初始化PA引脚
****版本:V1.0
****入口参数:无
****出口参数:无
****说明:
**********************************/
void DHT11_Init(void)
{
    GPIO_DeInit(GPIOA);
}
/**********************************
****函数名称: DHT11_Start()
****函数功能:发送开始信号函数
****版本:V1.0
****入口参数:无
****出口参数:无
****说明:
**********************************/
unsigned int DHT11_Start(void)
```

```
{
    DHT11_OUT;          //设置端口方向
    DHT11_CLR;          //拉低端口
    delay_ms(18);       //持续最低18 ms
    DHT11_SET;          //释放总线
    //总线由上拉电阻拉高，主机延时30 μs
    delay_us(30);
    DHT11_IN;           //设置端口方向
    //DHT11 等待80 μs低电平响应信号结束
    while(!GPIO_ReadInputDataBit(DHT11_PORT,DHT11_PIN));
    //DHT11 将总线拉高80 μs
    while(GPIO_ReadInputDataBit(DHT11_PORT,DHT11_PIN));
        return 1;
}
/******************************************
****函数名称：DHT11_ReadValue()
****函数功能：读取DHT11数据
****版本：V1.0
****入口参数：无
****出口参数：无
****说明：
******************************************/
unsigned char DHT11_ReadValue(void)
{
    unsigned char i,sbuf=0;
    for(i=8;i>0;i--)
    {
        sbuf<<=1;
        //50 μs的开始低电平
        while((!GPIO_ReadInputDataBit(DHT11_PORT,DHT11_PIN)));
        delay_us(30);               //延时30 μs后检测数据线是否还是高电平
        if(GPIO_ReadInputDataBit(DHT11_PORT,DHT11_PIN))
        {
            sbuf|=1;
        }
        else
        {
            sbuf|=0;
        }
        while(GPIO_ReadInputDataBit(DHT11_PORT,DHT11_PIN));
    }
    return sbuf;
}
```

```c
/********************************
****函数名称：Get_data()
****函数功能:获取传感器数据函数
****版本:V1.0
****入口参数:无
****出口参数:无
****说明:
********************************/
unsigned char Get_data(unsigned char *buf)
{
    u8 check;
    buf[0]=DHT11_ReadValue();
    buf[1]=DHT11_ReadValue();
    buf[2]=DHT11_ReadValue();
    buf[3]=DHT11_ReadValue();
    check =DHT11_ReadValue();
    if(check == buf[0]+buf[1]+buf[2]+buf[3])
        return 1;
    else
        return 0;
}
void show_data_in_oled(u8 y,u8 value)
{
    char content[17];
    u8 len;
    if(y==1)
    {
        strcpy(content, "temp:");
    }
    else
    {
        strcpy(content, "Humi:");
    }
    convert_num_to_string(value, (u8*)&content[strlen(content)]);
    len = strlen(content);
    while (len < 12)
    {
        strcat(content, " ");    // 补空格
        len++;
    }
    oled_show_string(0, y, (u8*)content);
}
```

3. 板级初始化程序头文件（board.h）

```
#define LED1_PORT    GPIOB
#define LED1_PIN     GPIO_Pin_4
#define LED1_OPEN     (GPIO_SetBits(LED1_PORT, LED1_PIN))
#define LED1_OFF   (GPIO_ResetBits(LED1_PORT, LED1_PIN))
void board_init(void);
bool convert_num_to_string(u8 num, u8 *str);
void system_time_self_increasing(void);
u32 get_system_time(void);
void set_timer_update_flag(u8 value);
u8 get_timer_update_flag(void);
u32 cal_absolute_value(u32 a, u32 b);        //计算两数相减的绝对值
u8 get_tick_count(u32 *count);
void LED(u8 i);
```

4. 板级初始化程序文件（board.c）

```
#include "stm8l15x.h"
#include "typedef.h"
#include "board.h"
#include "oled.h"
#include "dht11.h"

static vu32 lSystemTimeCountInMs=0;            //最大49.7天会溢出
static vu8 cTimerHasBeenUpdated=FALSE;
static void timer_configuration(void)          //1ms 定时更新中断定时器
{
   CLK_PeripheralClockConfig(CLK_Peripheral_TIM2, ENABLE); //使能TIM2时钟
   TIM2_TimeBaseInit(TIM2_Prescaler_1, TIM2_CounterMode_Down, 16000);
   //时钟不分频(16M)，向下计数模式，自动重装载寄存器ARR=16000，即1ms溢出
   TIM2_ITConfig(TIM2_IT_Update, ENABLE);     //开定时更新中断
   TIM2_Cmd(ENABLE);
}

static void gpio_configuration(void)
{
   GPIO_Init(LED1_PORT, LED1_PIN, GPIO_Mode_Out_PP_Low_Fast);
   //传感器供电控制引脚推挽初始化低电平，push-pull, low level, 10MHz
}
static void display_device_name(void)
{
   oled_show_string(0, 5, "www.wxstc.cn");
}
```

```c
bool convert_num_to_string(u8 num, u8 *str)
{
    u8 len = 0;
    s32 mark = 1000000000;
    if(NULL == str)
    {
        return FALSE;
    }
    if (0 == num)
    {
        str[0] = '0';
        str[1] = '\0';
        return TRUE;
    }
    else if (num < 0)
    {
        num = -num;
        str[len ++] = '-';
    }
    while ((num / mark) == 0)
    {
        mark /= 10;
    }
    while (mark > 0)
    {
        str[len ++] = (num / mark) + 0x30;
        num %= mark;
        mark /= 10;
    };
    str[len ++] = '\0';
    return TRUE;
}
void system_time_self_increasing(void)
{
    lSystemTimeCountInMs++;
}
u32 get_system_time(void)
{
    return lSystemTimeCountInMs;
}
u8 get_tick_count(u32 *count)
{
```

```c
        count[0] = lSystemTimeCountInMs;
    return 0;
}


void set_timer_update_flag(u8 value)
{
    cTimerHasBeenUpdated = value;
}


u8 get_timer_update_flag(void)
{
    return cTimerHasBeenUpdated;
}
u32 cal_absolute_value(u32 a, u32 b)            //计算两数相减的绝对值
{
  return ((a>b)? (a - b):(b - a));
}


void board_init(void)
{
    timer_configuration();                      //1ms 定时更新中断定时器
    gpio_configuration();
    oled_init();
    display_device_name();                      //在OLED显示设备名,需要至少320 ms
}


void LED(u8 i)
{
  if(i%3==0)
  {
    LED1_OPEN;
  }
  else
  {
    LED1_OFF;
  }
}
```

5. main.c主程序文件

在主函数中，根据采样的 ADC 值来检测环境温湿度，主函数如下：

```
/************************************
  名称：main()
  功能：温湿度检测
```

```
    入口参数：无
    出口参数：无
*********************************/
#include "stm8l15x.h"
#include "typedef.h"
#include "a_delay.h"
#include "board.h"
#include "bsp_soft_iic.h"
#include "dht11.h"
static u32 lSystemFrequency=0;
u8 DHTData[4];
static void clk_configuration(void)              //16MHz HSI
{   CLK_SYSCLKDivConfig(CLK_SYSCLKDiv_1);        //不分频
    //等待HSI clock is stable and can be used
    while (CLK_GetFlagStatus(CLK_FLAG_HSIRDY) == RESET);
    //使用HSI 为主时钟源(RESET后默认)
    CLK_SYSCLKSourceConfig(CLK_SYSCLKSource_HSI);
    lSystemFrequency = CLK_GetClockFreq();
}
void main(void)
{   int i=0;
    clk_configuration();                         //16MHz HSI
    delay_init(lSystemFrequency/1000000);
    //必要的初始化，其中在OLED显示设备名，需要至少320 ms
    board_init();
    DHT11_Init();
    _EINT();                                     //开全局中断
    while (1)
    {
       while(!DHT11_Start());
       while(!Get_data(DHTData));
       show_data_in_oled(1,DHTData[2]);
       delay_ms(100);
       show_data_in_oled(3,DHTData[0]);
       delay_ms(100);
    }
}
```

五、软硬件联调

根据已有的电路原理图和程序代码，在IAR软件中进行程序编辑、编译、生成下载，得到正确的效果，如图3.14所示。

图 3.14　任务一完成效果

　　根据任务一的实验，编程实现根据温度变化控制电扇的开和关，这里电扇可以用LED灯亮和熄替代，比如当环境温度超过30 ℃时打开电扇。

任务二　设计开发紫外线监测显示器

任务描述

视　频

项目的实现原理与程序分析

　　设计并制作一个环境紫外线检测显示器，使用紫外线传感器采集环境的紫外线强度信息，将采集到的信息送到单片机进行处理，把转换为强度值的紫外线数据通过显示器显示。

相关知识

一、紫外线对人体的影响

　　紫外线是指阳光中波长10~400 nm的光线，可分为UVA（紫外线A，波长320 ~ 400 nm，长波）、UVB（波长290 ~ 320 nm，中波）、UVC（波长100 ~ 290 nm，短波），如图3.15所示。UVB致癌性最强，晒红及晒伤作用为UVA的1000倍。UVC可被臭氧层所阻隔。紫外线照射会让皮肤产生大量自由基，导致细胞膜的过氧化反应，使黑色素细胞产生更多的黑色素，并往上分布到表皮角质层，造成黑色斑点。紫外线可以说是造成皮肤皱纹、老化、松弛及黑斑的最大元凶。

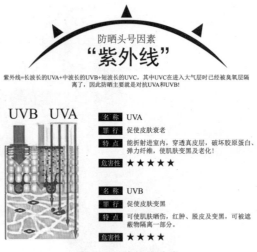

图 3.15　紫外线分类

　　紫外线也有很多优点，它能使许多物质激发荧光，很容易让照相底片感光。当紫外线照射人体时，能促使人体合成维生素D，以防止患佝偻病，经常让小孩晒晒太阳就是这个道理。紫外线还具有杀菌作用，医院里的病房就利用紫外线消毒。但过强的紫外线会伤害人体，应注意防护。玻璃、大气中的氧气和高空中的臭氧层，对紫外线都有很强的吸收作用，能吸收掉太阳光中的大部分紫外线，因此能保护地球上的生物，使它们免受紫外线伤害。

二、紫外线检测原理

　　最早的紫外线传感器基于单纯的硅，但是单纯的硅二极管也响应可见光，形成本来不需要的电信号，导致精度不高。

　　在十几年前，日本日亚公司研发出了GaN系的晶体，成为GaN系的开拓者，并由此开辟了GaN系的市场，也由此产生了GaN的紫外线传感器，其精度远远高于单晶硅的精度，成为最常用的紫外线传感器材料。

　　二六族ZnS材料也已被研发出来，也应用到了紫外线传感器领域，目前国内研发出来的有苏州衡业科技新材料有限公司等。从研发的角度及性能测试上看，其精度比GaN系的传感器提高了近10^5倍。在一定程度上，ZnS系的紫外线传感器将与GaN系的平分秋色。

　　紫外线传感器是利用光敏元件将紫外线信号转换为电信号的传感器，它的工作模式通常分为两类：光伏模式和光导模式。光伏模式是指不需要串联电池，串联电阻中有电流，而传感器相当于一个小电池，输出电压，但是制作比较难，成本比较高；光导模式是指需要串联一个电池工作，传感器相当于一个电阻，电阻值随光的强度变化而变化，这种制作容易，成本较低。

　　➢ 电气特性：
- 采用GaN基材料；
- PIN型光电二极管；
- 光伏工作模式；
- 对可见光无响应；
- 暗电流低；

- 输出电流与紫外指数成线性关系；
- 符合欧盟RoHS指令，无铅、无镉。
- 典型应用：
  - 测量紫外线指数：手机、数码照相机、MP4、PDA、GPS等便携式移动产品；
  - 用于紫外线检测器：全部紫外线波段的检测器、单UV–A波段检测器；
  - 紫外线杀菌灯辐照检测器：紫外线杀菌。

三、紫外线传感器电路解析

本模块使用GUVA-S12SD紫外线传感器，可放置在自然环境中检测UVA强度，如图3.16所示。

GUVA-S12SD电器特性如表3.1所示。

图 3.16　GUVA-S12SD 紫外线传感器

表3.1　GUVA-S12SD电器特性

项目	表示符号	测试条件	最小值	类型	最大值	单位
暗电流	I_D	V_R=0.1 V	–	–	1	nA
光电流	I_{PD}	UVA Lamp, 1 mW/cm^2	–	113	–	nA
		1 UVI	–	26	–	nA
温度系数	I_{TC}	UVA Lamp	–	0.08	–	%/℃
响应率	R	λ =300 nm，V_R=0 V	–	0.14	–	A/W
光谱检测范围	λ	10% of R	240	–	370	nm

GUVA-S12SD 配合一路运算放大器组成紫外线传感器的采集输出电路。MUC端则需要配置好ADC引脚，从而对输出电路电压进行线性测量。GUVA-S12SD电路原理图如图3.17所示。

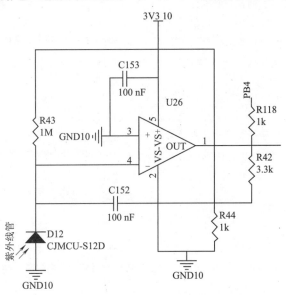

图 3.17　GUVA-S12SD 电路图

四、紫外线传感代码解析

通过ADC采集传感器输出的电压模拟信号，并通过数字滤波算法去除干扰信号，然后将有效的电压信号转换为强度值，如图3.18所示，最后把强度值通过显示器显示或者通过蓝牙模块传输到APP中。

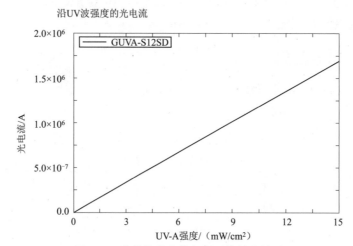

图 3.18　紫外线强度值与电压信号的关系

运算放大器将毫伏电压信号放大稳定为MUC可读取的电压信号。

单片机通过ADC采样和固定的周期频率，从而采集到紫外线传感器的数据。

计算过程中考虑到测量过程有干扰的存在，所以中间使用了均值滤波算法将其中的干扰剔除，最终获得稳定的UV强度。

（1）采集ADC数据代码分析

```
void analogDeviceHandler(void)
{
    static uint8_t timeCnt = 255;       //周期计数变量，初始值255是暂缓启动数值
    struct analogAdcDate_t adcData;     //存储数据结构体
    if (0 == timeCnt) {                 //周期采样判断
        timeCnt = ANALOG_READ_FREP;     //周期间隔数值赋予
        adcData.adcM = ADC_GetConversionValue(ADC1);
        //通过stm8s库函数将采样数据读出
        anglogDataInput(adcData);       //将读出采样数据存入环形队列中
    } else {
        timeCnt --;                     //周期间隔数值自减
    }
}
//存入缓冲区代码
bool analogRingQInsert(struct analogAdcDate_t date, struct ringQueue_t * queuePtr)
{
    int tmpInput;
```

```
    if (0 == queuePtr) {
        return FALSE;
    }
    tmpInput =  queuePtr->inIndex + 1;
    tmpInput %= queuePtr->qSize;
    if (tmpInput == queuePtr->outIndex) {
        return FALSE;
    }
    queuePtr->inIndex = tmpInput;
    queuePtr->qbuff[tmpInput] = date;
    return TRUE;
}
```

　　anglogDataInput()函数嵌套着analogRingQInsert()函数，所以这里就直接讲analogRingQInsert()函数。analogRingQInsert()函数是一个环形队列函数，入参有两个，分别是存储ADC原始数据的date和用于保存环形队列数据的结构体指针*queuePtr。函数返回TRUE，则环形队列没有存储满，存储满了则返回FALSE。环形队列通过对插入计数变量tmpInput进行%运算来判断队列是否咬尾，如果咬尾则重置tmpInput为零。

（2）强度转换代码分析

```
void analog_ultravioletProcess(struct analogAdcDate_t data)
{
    uint16_t i;
    uint32_t tmpMeans = 0;
    for (i=1; i<WARE_MEANS_BUFF_SIZE; i ++) {
      wareMeansBuff[i - 1] = wareMeansBuff[i];
      //将缓冲数组的元素整体往左移，空出最右端元素载入新的元素
      tmpMeans += wareMeansBuff[i];               //将本次的缓冲数组进行累加
    }
    wareMeansBuff[WARE_MEANS_BUFF_SIZE - 1] = data.adcM;  //将新的计算元素载入数组中
    tmpMeans += data.adcM;                        //将本次最新的变量进行累加
    ultravioletValue = ((tmpMeans * 100) / WARE_MEANS_BUFF_SIZE) / 300;
    //累加数值均值计算及强度转换
    if (ultravioletValue > 100) {                 //强度过域判断
        ultravioletValue = 100;
    }
    uint8_t strBuff[17];
    intNumToStr(ultravioletValue,strBuff);     //字符格式转换
    strcat(strBuff,"%       ");
    OLED_ShowString(0, 4, strBuff);               //根据格式转换的内容进行显示
}
```

视 频

项目的实现原
理与程序分析

任务实施

一、硬件准备

1. 紫外线传感器模块

为便于开发和实验本任务中使用如图3.19所示的紫外线传感器模块。本任务中显示屏仍然选用0.96寸OLED IIC模块，如图3.20所示。

图 3.19　 紫外线模块

图 3.20　 0.96 寸 OLED IIC 模块

2. 硬件平台

本试验所需硬件平台如下：

➢ 实验平台：STM8L051F3 自行设计开发板。

➢ 下载&仿真器：ST-LINK。

开发板、下载&仿真器和以上项目相同，硬件连接图如图3.21所示。

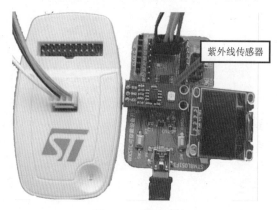

紫外线传感器

图 3.21　 硬件连接

二、软件设计

软件设计主要内容是：配置ADC1，ADC通道设置为PB4，初始化IIC（打开IIC外设时钟、使能IIC外设、初始化IIC基础参数、编写IIC读写函数）。初始化OLED（OLED的IIC地址为0x78，编写OLED读写数据/命令函数，初始化OLED基础参数）。从项目二中知道STM8L051F3单片机与显示屏进行通信是通过IIC PB1、PB2两个引脚，本任务仍然通过实现模拟IIC的方式通信。OLED采用的是0.96寸OLED（4针），开发板中OLED接口用PB1、PB2两个引脚模拟IIC通信实现。可以把显示屏直接插入核心板的OLED接口即可。紫外线传感器模块直接通过杜邦线与开发板的相应引脚进行连接，实际连接电路如图3.22所示。

GND→GND、VCC→3V3、SIG→PB4。

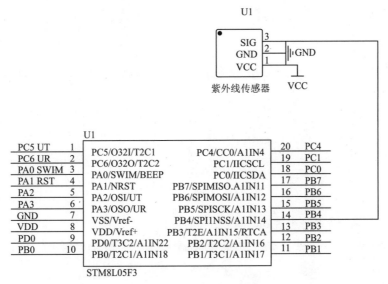

图 3.22 实际电路原理图

1. 程序流程图

根据以上分析，程序编写的具体流程如图3.23所示。

2. 编写紫外线检测显示程序

工程的配置和建立过程见附录A，工程文件总结构规划类似任务一，如图3.24所示。

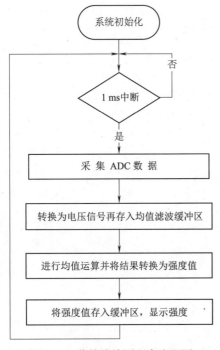

图 3.23 紫外线检测程序流程图

图 3.24 工程文件总结构规划

在图3.24中，Lib_stm8l文件夹中存放系统提供的库文件，包含.c 和.h的inc和src两个文件夹。Project文件夹存放工程项目文件。User文件夹存放开发相关文件。User文件夹如图3.25所示。

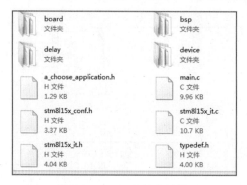

图 3.25　User 文件夹结构

项目所需导入的函数库和分组规划如图3.26所示。

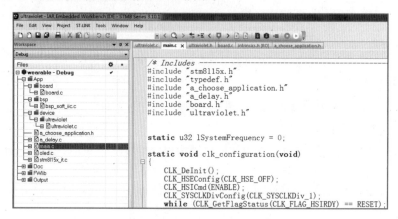

图 3.26　项目开发配置界面

在device分组下建立子分组ultraviolet，在子分组ultraviolet下分别建立紫外线传感器处理相关程序ultraviolet.h和ultraviolet.c文件。其他文件的建立和工程配置可参考任务一。

（1）紫外线传感器处理程序头文件（ultraviolet.h）

```
#ifndef ULTRAVIOLET_H
#define ULTRAVIOLET_H
struct analog_data_t
{
    u16     adc_m;
    u16     adc_s;
};
struct ring_queue_t
{
    u8      size;
    u8      head;
```

```
    u8         tail;
    struct analog_data_t * qbuff;
};
void get_ultraviolet_value_and_valid_len(u8 *buf, u8 *len);
void get_ultraviolet_ad_value(void);
void ultraviolet_process(void);
#endif
```

（2）紫外线传感器处理程序（ultraviolet.c）

```
/***********************************************
 * File       : ultraviolet.h
 * Description:
 * Date         2020-01-07
 ***********************************************/
#include "stm8l15x.h"
#include "typedef.h"
#include <string.h>
#include "a_choose_application.h"
#include "a_delay.h"
#include "board.h"
#include "oled.h"
#include "ultraviolet.h"

#define ADC_VALUE_BUFFER_SIZE           10            //环形队列长度
#define MAX_SAMPLE_PERIOD              100            //ADC采样周期100 ms
#define MEANS_BUF_SIZE                  10            //均值滤波缓冲长度
#define WAIT_FOR_SENSOR_STEADY_TIME       300

static u8 cUltravioletValue = 0;                      //紫外线值
static u16 iMeanBuf[MEANS_BUF_SIZE] = {0};            //均值滤波缓冲区
static u16 iSampleDly = WAIT_FOR_SENSOR_STEADY_TIME;

struct analog_data_t tAdcValBuf[ADC_VALUE_BUFFER_SIZE];
struct ring_queue_t tAdcValRingQueue = {ADC_VALUE_BUFFER_SIZE, 0, 0, tAdcValBuf};
//初始化环形队列

/*******************************************
 * function : adc_value_ring_queue_in
 * Describe : 缓冲环形队列输入函数
 * Input    : ADC采样数据
 * Outout   : 环形结构数据体
 * Return   :
 *******************************************/
```

```
    static bool adc_value_ring_queue_in(struct analog_data_t date, struct ring_
queue_t * queue_ptr)
    {
        u8 head;
        if (0 == queue_ptr)
        {
            return FALSE;
        }
        head =  queue_ptr->head + 1;                    //头往前进1格
        head %= queue_ptr->size;                        //只在size大小内循环
        if (head == queue_ptr->tail)                    //头咬到尾了，意味着队列已满
        {
            return FALSE;
        }
        queue_ptr->head = head;                         //更新头序号
        queue_ptr->qbuff[head] = date;                  //数据进入队列
        return TRUE;
    }
    /*********************************************
    * function : adc_value_ring_queue_out
    * Describe : 缓冲环形队列输出函数
    * Input    : 环形结构数据体
    * Outout   : ADC采样数据
    * Return   :
    *********************************************/
    static bool adc_value_ring_queue_out(struct analog_data_t * date, struct
ring_queue_t * queue_ptr)
    {
        if (0 == date || 0 == queue_ptr)                //指针空
        {
            return FALSE;
        }
        if (queue_ptr->head == queue_ptr->tail)         //环形队列空
        {
            return FALSE;
        }
        queue_ptr->tail++;                              //尾巴向前进一格
        queue_ptr->tail %= queue_ptr->size;             //只在size大小内循环
        *date = queue_ptr->qbuff[queue_ptr->tail];      //取出数据
        return TRUE;
    }
    /*********************************************
    * function : get_mean_ultraviolet_value
```

```
* Describe : 数值均值计算及强度转换
* Input    : ADC采样数据
* Outout   : 紫外线强度值
* Return   :
**********************************************/
static void get_mean_ultraviolet_value(struct analog_data_t data, u8 * mean_value)
{
    u16 i;
    u32 total = 0;
    for (i = 1; i < MEANS_BUF_SIZE; i ++)
    {
        iMeanBuf[i - 1] = iMeanBuf[i];      //数据由后往前挪，并丢弃iMeanBuf[0]
        total += iMeanBuf[i-1]; //从iMeanBuf[0]加到iMeanBuf[MEANS_BUF_SIZE-2]
    }
    iMeanBuf[MEANS_BUF_SIZE - 1] = data.adc_m;   //新数据存入数组尾部
    total += iMeanBuf[MEANS_BUF_SIZE - 1];        //total完整算完
     *mean_value = ((total * 100) / MEANS_BUF_SIZE) / 300;
    //*mean_value = total / MEANS_BUF_SIZE;

    if (*mean_value >= 100)                       //大于或等于100校正为100
    {
        *mean_value = 100;
    }
    else if (*mean_value <0)                      //小于102大于2
    {
        *mean_value= 0;
    }
}

static bool convert_num_to_str(u8 num, u8 *str)
{
    u8 len = 0;
    s32 mark = 1000000000;
    if(NULL == str)
    {
        return FALSE;
    }
    if (0 == num)
    {
        str[0] = '0';
        str[1] = '\0';
        return TRUE;
    }
```

```c
    while ((num / mark) == 0)
    {
        mark /= 10;
    }
    while (mark > 0)
    {
        str[len ++] = (num / mark) + 0x30;
        num %= mark;
        mark /= 10;
    };
    str[len ++] = '\0';
    return TRUE;
}

static void show_value_in_oled(u8 value)
{
    char content[17];
    u8 len;
    convert_num_to_str(value, (u8*)&content);
    strcat(content, "       ");
     len = strlen(content);            //获取content数组，不包含'\0'长度

    while (len < 16)
    {
        strcat(content, " ");         //补空格
        len++;
    }
    oled_show_string(0, 4, (u8*)content);
}

void get_ultraviolet_value_and_valid_len(u8 *buf, u8 *len)
{
    buf[0] = cUltravioletValue;
    *len=1;
}

void get_ultraviolet_ad_value(void)
{
    struct analog_data_t adcData;
    if (iSampleDly != 0)
    {
        iSampleDly--;
        return;
```

```
    }
    iSampleDly =  MAX_SAMPLE_PERIOD;                      //赋值采样延迟时间
    adcData.adc_m = ADC_GetConversionValue(ADC1);  //调用ST库函数获取AD值
    adc_value_ring_queue_in(adcData, & tAdcValRingQueue);
}
/*********************************************
* function : ultraviolet_process
* Describe : 紫外线执行函数
* Input    :
* Outout   :
* Return   :
*********************************************/
void ultraviolet_process(void)
{
    struct analog_data_t data;
    if (FALSE == adc_value_ring_queue_out(&data, & tAdcValRingQueue))
    {
        return;
    }
    get_mean_ultraviolet_value(data, &cUltravioletValue);
    show_value_in_oled(cUltravioletValue);
}
```

（3）板级初始化程序头文件（board.h）

```
#define GPIO_LED GPIOB                    //自己板子GPIOB，所购板子为D
#define GPIO_LED_Pin GPIO_Pin_5           //自己板子GPIO_Pin_5，所购板子为0
#define LED1_ON          (GPIO_SetBits(GPIO_LED, GPIO_LED_Pin))
#define LED1_OFF         (GPIO_ResetBits(GPIO_LED, GPIO_LED_Pin))

void board_init(void);
bool convert_num_to_string(s16 num, u8 *str);
void system_time_self_increasing(void);
u32 get_system_time(void);
void set_timer_update_flag(u8 value);
u8 get_timer_update_flag(void);
u32 cal_absolute_value(u32 a, u32 b);         //计算两数相减的绝对值
u8 get_tick_count(u32 *count);
```

（4）板级初始化程序文件（board.c）

```
/***************************
 * File       : board.c
 * Description:
 * Change Logs:
```

```
 * Date       2020-02-28
 *********************************************/
#include "stm8l15x.h"
#include "typedef.h"
#include "a_choose_application.h"
#include "board.h"
#include "oled.h"
    static vu32 lSystemTimeCountInMs = 0;          //最大49.7天会溢出
static vu8 cTimerHasBeenUpdated = FALSE;
static void timer_configuration(void)              //1 ms定时更新中断定时器
{
    CLK_PeripheralClockConfig(CLK_Peripheral_TIM2, ENABLE); //使能TIM2时钟
    TIM2_TimeBaseInit(TIM2_Prescaler_1, TIM2_CounterMode_Down, 16000);
    //时钟不分频(16M)，向下计数模式，自动重装载寄存器ARR=16000，即1 ms溢出
    TIM2_ITConfig(TIM2_IT_Update, ENABLE);         //开定时更新中断，
    TIM2_Cmd(ENABLE);
}


static void adc_configuration(void)                //ADC1 CHANNEL 14 PB4
{
    CLK_PeripheralClockConfig(CLK_Peripheral_ADC1, ENABLE);   //使能ADC1时钟
    /* 初始化和配置 ADC1 */
    ADC_Init(ADC1, ADC_ConversionMode_Continuous, ADC_Resolution_12Bit,
ADC_Prescaler_2);                                  //精度12位，时钟2分频，即8M
    ADC_SamplingTimeConfig(ADC1, ADC_Group_SlowChannels, ADC_
SamplingTime_384Cycles);
    /* 使能 ADC1 */
    ADC_Cmd(ADC1, ENABLE);
    /* 使能 ADC1 Channel 4    PB4*/
    ADC_ChannelCmd(ADC1, ADC_Channel_14, ENABLE);
    /* ADC开始转换 */
    ADC_SoftwareStartConv(ADC1);
}


static void uart_configuration(void)
{
    GPIO_ExternalPullUpConfig(GPIOC, GPIO_Pin_5 | GPIO_Pin_6, ENABLE);
    CLK_PeripheralClockConfig(CLK_Peripheral_USART1, ENABLE);   // 使能UART1时钟
    /* 设置UART引脚到PC端口 */
    SYSCFG_REMAPPinConfig(REMAP_Pin_USART1TxRxPortC, ENABLE);
    //USART1 Tx- Rx (PC3- PC2) remapping to PC5- PC6
    USART_Init(USART1,                      /* 初始化UART1 */
    (uint32_t)19200,                        /* BSP57600 */
```

```
    USART_WordLength_8b,                        /* 8位数据长度 */
    USART_StopBits_1,                           /* 1位停止位 */
    USART_Parity_No,                            /* 无校验 */
    USART_Mode_TypeDef)(USART_Mode_Tx | USART_Mode_Rx));/* 使能接收和发送功能 */

    USART_ITConfig(USART1,USART_IT_RXNE, ENABLE);  // 开UART 接收中断
    /* 使能 USART */
    USART_Cmd(USART1, ENABLE);
}

static void gpio_configuration(void)
{
    GPIO_Init(GPIO_LED, GPIO_LED_Pin, GPIO_Mode_Out_PP_Low_Fast);
}
static void display_device_name(void)
{
    oled_show_string(0, 0, "<Ultraviolet>");
}

bool convert_num_to_string(s16 num, u8 *str)
{
    u8 len = 0;
    s32 mark = 1000000000;
    if(NULL == str)
    {
        return FALSE;
    }
    if (0 == num)
    {
        str[0] = '0';
        str[1] = '\0';
        return TRUE;
    }
    else if (num < 0)
    {
        num = -num;
        str[len ++] = '-';
    }
    while ((num / mark) == 0)
    {
        mark /= 10;
    }
    while (mark > 0)
```

```
        {
            str[len ++] = (num / mark) + 0x30;
            num %= mark;
            mark /= 10;
        };
        str[len ++] = '\0';
        return TRUE;
}
void system_time_self_increasing(void)
{
        lSystemTimeCountInMs++;
        if(lSystemTimeCountInMs%1000==0)
        {
          LED1_OFF;
        }else if(lSystemTimeCountInMs%500==0)
        {
          LED1_ON;
        }

}
u32 get_system_time(void)
{
        return lSystemTimeCountInMs;
}
u8 get_tick_count(u32 *count)
{
        count[0] = lSystemTimeCountInMs;
        return 0;
}

void set_timer_update_flag(u8 value)
{
        cTimerHasBeenUpdated = value;
}

u8 get_timer_update_flag(void)
{
        return cTimerHasBeenUpdated;
}

u32 cal_absolute_value(u32 a, u32 b)        //计算两数相减的绝对值
{
        return ((a>b)? (a - b):(b - a));
}
```

```
void board_init(void)
{
    timer_configuration();          //1 ms 定时更新中断定时器
    adc_configuration();            //紫外线 ADC1 CHANNEL 14 PB4
    uart_configuration();
    //脑电波 57600 n 8 1: 115200波特率 8个数据位, 1个停止位, 无校验位, 开收发模块
    gpio_configuration();

    oled_init();
    display_device_name();          //在OLED显示设备名, 需要至少320 ms
}
```

（5）主程序文件（main.c）

```
/********************************************************************
 * File    : main.c
 * Description: 此程序包含了心率、温度、紫外线3个应用。用户可通过宏定义开关选择一个应用
宏定义开关在"a_choose_application.h"文件里
 * Date      * 2020-02-28
 *************************************************************** */
/* -------------------------------Includes --------------------------------*/
#include "stm8l15x.h"
#include "typedef.h"
#include "a_choose_application.h"
#include "a_delay.h"
#include "board.h"
#include "ultraviolet.h"
static u32 lSystemFrequency = 0;
static void clk_configuration(void)              //16MHz HSI
{
    CLK_DeInit();                       // 恢复CLK peripheral registers到默认值(可有可无)
    CLK_HSEConfig(CLK_HSE_OFF);                     //关外部晶振
    CLK_HSICmd(ENABLE);                             //使能HSI 16 MHz(reset后默认)
    CLK_SYSCLKDivConfig(CLK_SYSCLKDiv_1);           //不分频
    while (CLK_GetFlagStatus(CLK_FLAG_HSIRDY) == RESET);
                                        //等待HSI clock is stable and can be used
    CLK_SYSCLKSourceConfig(CLK_SYSCLKSource_HSI); //使用HSI为主时钟源(RESET后默认)
    lSystemFrequency = CLK_GetClockFreq();
}

void one_ms_app_handler(void)
{
    if (get_timer_update_flag() != FALSE)
    {
        set_timer_update_flag(FALSE);
        get_ultraviolet_ad_value();                 //紫外线AD采样300 ms一次
    }
```

```
}
void main(void)
{
    clk_configuration();                          //16 MHz HSI
    delay_init(lSystemFrequency/1000000);
    board_init();                    //必要的初始化，其中在OLED显示设备名，需要至少320 ms
    _EINT();                                      //开全局中断

    while (1)
    {
        one_ms_app_handler();
        ultraviolet_process();
    }
}
```

三、软硬件联调

根据已有的电路原理图和程序代码，在IAR软件中进行程序编辑、编译、生成下载，得到正确的效果，如图3.27所示。

图 3.27　项目运行结果

任务拓展

根据任务二的实验，编程实现根据紫外线强度变化进行提醒或报警服务，这里提醒和报警装置可以用LED灯亮和熄替代，比如当紫外线强度值超过70时打开LED灯。

思考与问答

1. 简述DHT11温湿度传感器的特性。
2. 简述 DHT11温湿度传感器时序和DHT11数据格式。
3. 简述紫外线传感器检测原理。
4. 画出紫外线传感器检测数据算法流程图。

项目四

设计开发基于蓝牙的
可穿戴人体体温监测器

人体体温的实时检测和监控，是判断人体是否健康的一个重要方式和渠道，特别是在疫情期间和医疗资源比较紧张的情况下，非接触式快速检测是加快治疗过程，减少患者等待时间，也是保护医护人员被特殊病情感染的重要措施。非接触式人体体温检测传感器为我们提供了这种方便。应用在便携式领域，真正实现实时检测人体体温的变化。

本项目主要学习非接触式体温采集传感器的工作原理与开发技巧；HC-5蓝牙设备的工作原理和使用方法；通过IIC通信收集传感器采集体温信息的方法和技巧；了解Android Studio开发APP的方法。最后利用STM8L单片机、体温传感器、蓝牙模块以及相应的APP，学习理解APP控制硬件、读取传感器信息的开发流程。

知识点

➢非接触式体温传感器的概念、原理、特点。

➢STM8L UART1串口通信。

➢蓝牙工作原理。

技能点

➢人体体温传感器的应用。

➢STM8L051F3芯片与传感器模拟IIC通信。

➢基于蓝牙模块的APP开发。

➢使用HC-05蓝牙模块无线传输数据。

课件 •••••

项目四

任务一　设计开发人体体温监测器

任务描述

本任务运用人体体温传感器信息采集模块，通过非接触的方法连续监测人体体温，对采集到的数据进行校验并转换为摄氏度。从而达到掌握体温传感器信息采集原理和编程方法的目标。

相关知识

一、体温信息采集的价值

人体体温是身体健康的一项重要指标，一般孩子的平均体温为37 ℃左右，成人的平均体温为36.5 ~ 36.8 ℃；体温的异常变化代表着人体处在一个非正常的状态，或是更严重的疾病状态。体温除了正常状态外，就只有高或低两个异常状态，这两种异常状态都是比较危险的。不同年龄阶段正常体温范围如图4.1所示。

视　频

项目的实现原理与程序分析

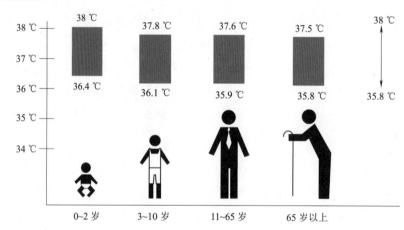

图 4.1　人体正常体温范围

二、非接触式体温传感器原理

红外测温传感器是最常用的非接触式测温仪表，基于黑体辐射的基本定律，又称辐射测温仪表。一切温度高于绝对零度的物体都在不停地向周围空间发出红外辐射能量。物体的红外辐射能量的大小及其按波长的分布——与它的表面温度有着十分密切的关系。因此，通过对物体自身辐射的红外能量的测量，便能准确地测定它的表面温度，这就是红外辐射测温所依据的客观基础。

图4.2所示为红外测温模块原理图，红外测温模块由光学系统、光电探测器、信号放大器及信号处理等部分组成。光学系统汇集其视场内的目标红外辐射能量，视场的大小由测温仪的光学零件以及位置决定。红外能量聚焦在光电探测仪上并转变为相应的电信号。该信号经过放大器和信号处理

电路按照仪器内部的算法和目标发射率校正后转变为被测目标的温度值。除此之外，还应考虑目标和测温模块所在的环境条件，如温度、气氛、污染和干扰等因素对性能指标的影响及修正方法。

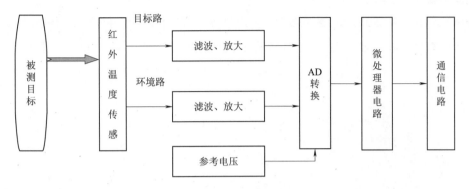

图 4.2　红外测温模块原理图

本任务中体温采集设备使用型号为MLX90615的温度传感器，外观如图4.3所示，MLX90615 内部有2颗芯片，红外热电堆探测器和信号处理 ASSP MLX90325，尤其是由 Melexis 设计的处理IR传感器输出的芯片。非接触式体温计MLX90615的构造图如图4.4所示。

图 4.3　体温传感器 MLX90615 外观

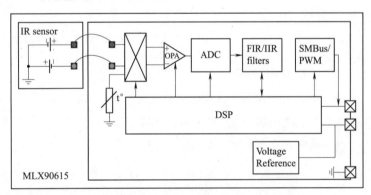

图 4.4　非接触式体温计 MLX90615 构造图

MLX90325在信号调节芯片中使用了先进的低噪声放大器，一颗16位ADC 以及功能强大的DSP元件，从而实现高精确度温度测量。该传感器计算并存储于RAM中的环境温度以及物体温度可实现0.02 ℃的解析度的数据，并且可通过双线标准IIC输出获得（0.02 ℃分辨率）或者通过10位PWM输出获得。

三、温度采集电路解析

图4.5所示为MLX90615电路图，MLX90615 有钳位二极管连接在 SDA/SCL 和 Vdd 之间。因此需要向MLX90615提供电源以使 SMBus 线不成为负载。

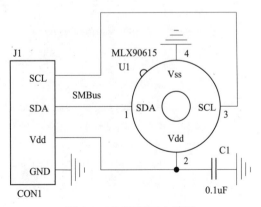

图 4.5　MLX90615 电路图

四、温度传感数据采集代码解析

（1）MCU嵌入式系统功能

通过IIC总线读出MLX90615的数值数据，并通过PEC校验计算得出可靠数据。再从可靠数据中抽取有效的温度数据，并针对温度数据进行转换计算得到摄氏度数据。图4.6所示描述了MLX90615的温度精度。

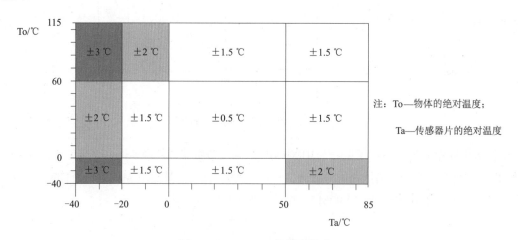

图 4.6　MLX90615 的温度精度

（2）手机APP软件功能

收集MCU发送来的摄氏度数据并显示，可以做到实时提醒，也可将数据存入数据库中，形成一系列人体体温的历史记录。然后通过调取这些记录描绘出个人历史体温曲线，如图4.7所示。

（3）传感器采集温度数据的核心代码分析

```
do{ DataL=RX_byte(ACK);        //通过发送ACK将低字节的数据接收回来
    DataH=RX_byte(ACK);        //通过发送ACK将高字节的数据接收回来
    Pec=RX_byte(NACK);         //通过发送ACK将校验字节的数据接收回来
    STOP_bit();                //结束通信
    arr[0]=SlaveAddress;
    arr[1]=command;
    arr[2]=SlaveAddress;              //将数据载入校验计算数组
    arr[3]=DataL;
    arr[4]=DataH;
    arr[5]=0;
    PecReg=PEC_calculation(arr);     //计算校验字节
}while(PecReg != Pec);//如果计算的校验字节与接收的校验不一致，那么重新执行do-while{}
*((unsigned char *)(&data))=DataH;
*((unsigned char *)(&data)+1)=DataL ;  //data=DataH:DataL
return data;
```

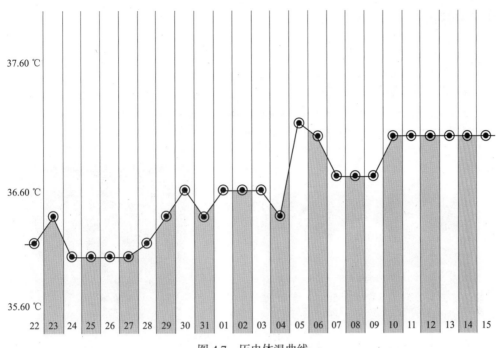

图 4.7　历史体温曲线

（4）摄氏度换算函数代码分析

```c
static float CalcTemp(uint16_t value)
{
    float temp;
    temp = (value * 0.02) - 273.15;
    return temp;
}
```

IR传感器包括串联的热电偶，冷接头放置在厚的芯片衬底上，热接头放置在薄膜上。薄膜加热（或是冷却）从而吸收并辐射IR。热电堆的输出信号为：Vir (Ta,To) = A.（To4 – Ta4），其中To是物体的绝对温度（开尔文），Ta 是传感器片的绝对温度，A是总体的敏感度。需要一个附加的传感器来测量芯片的温度。在测量完两个传感器输出后，对应的环境温度和物体温度被计算出。计算通过内部DSP产生数字输出并和测量温度成线形比例。

Ta传感器芯片温度通过PTAT元件测量。所有传感器的状态和数据处理都是片上操作的，线性的传感器温度 Ta存于 RAM 中。计算所得的Ta分辨率为 0.02 ℃。传感器出厂校准范围为–40 ~ +85 ℃。在RAM单元地址6h中2D89h代表–40℃，45F3h代表+85 ℃。

将 RAM 内容转换为实际的 Ta 比较简单：Ta= Tareg × 0.02，公式转为代码应用如下：

```c
temp = (value * 0.02) - 273.15
```

其中value为从MLX90615内部读出来的数字值。

一、硬件准备

1. 非接触式体温传感器传感器模块

为便于开发和实验，本任务中使用图4.8所示的体温传感器MLX90615模块。本任务中显示屏仍然选用0.96寸OLED IIC模块，如图4.9所示。

图 4.8　体温传感器 MLX90615

图 4.9　0.96 寸 OLED IIC 模块

2. 硬件平台

本任务所需硬件平台如下：

➤实验平台：STM8L051F3 自行设计开发板。

➤下载&仿真器：ST-LINK。

开发板、下载&仿真器和以上项目相同，硬件连接图示如图4.10所示。

图 4.10　硬件连接

二、软件设计

软件设计主要内容是：初始化IIC（打开IIC外设时钟、使能IIC外设、初始化IIC基础参数、编写IIC读写函数），初始化OLED（OLED的IIC地址为0x78，编写OLED读写数据/命令函数，初始化OLED

基础参数）。在主函数中通过调用体温传感器相关处理函数，采集体温数据，通过转化处理最终得到检测的体温值，并让OLED显示测得的体温值。

1. MLX90615非接触式体温传感器原理图

MLX90615非接触式体温传感器原理图如图4.11所示。

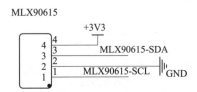

图 4.11　MLX90615 非接触式体温传感器原理图

2. MLX90615非接触式体温传感器接口连接原理图

MLX90615非接触式体温传感器接口连接原理图如图4.12所示。

从图4.12 中可以看出，STM8L051F3单片机与显示屏通过IIC PB1、PB2两个引脚进行通信，这里通过实现模拟IIC的方式通信。OLED采用的是0.96寸OLED（4针），MLX90615传感器通过PC0、PC1两个引脚完成与STM8L051F3芯片的IIC通信，在设计的开发板中OLED接口用PB1、PB2两个引脚模拟IIC通信。把显示屏直接插入核心板OLED接口即可，MLX90615传感器通过杜邦线与引出的相对引脚相连，实际连接电路如图4.12所示。GND→GND、VCC→3V3、SCL→ PC1、SDA→ PC0。

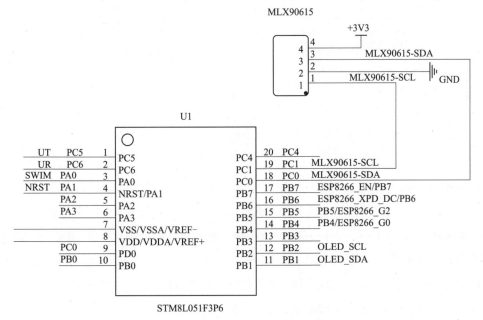

图 4.12　体温传感器接口连接电路原理图

3. 程序流程图

根据以上分析，单片机通过IIC总线读取MLX90615的温度传感器数据，通过PEC校验计算得出温度数据，并将校验后的数据转换为摄氏度数据显示输出。具体程序流程如图4.13所示。

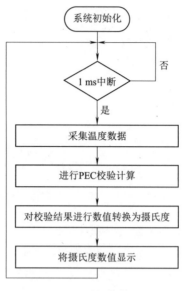

图 4.13　软件流程图

三、编写人体体温检测显示程序

工程的配置和建立过程见附录A，工程文件结构规划如图4.14所示。

图 4.14　工程文件划分

Lib_stm8l文件夹下保存系统提供的库文件相关的两个文件夹INC和SRC，Project文件夹保存项目建立的相关文件，都是项目建立过程中系统自动生成的文件，User文件夹保存自己建立的文件，User文件夹的详细内容如图4.15所示。board文件夹中保存底层硬件的初始化文件board.h和board.c文件；bsp文件夹保存软件实现IIC文件bsp_soft_iic.h和bsp_soft_iic.c文件；delay文件夹保存延时函数相关文件a_delay.h和a_delay.c文件，device文件夹保存相关传感器处理函数和显示处理函数。

项目所需导入的函数库和分组规划如图4.16所示。

基于项目的基础上，首先在device分组中添加子分组temperature，在temperature分组下建立体温传感器处理相关文件temperature.h和temperature.c文件。其他文件的建立和设置和项目三基本相同，这里只给出需要添加和修改的文件代码。其他详细代码请参考本项目的随书源码。

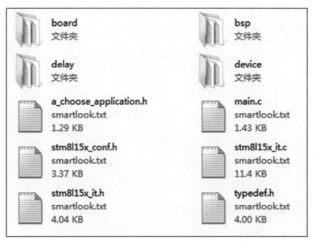

图 4.15　User 文件夹内容

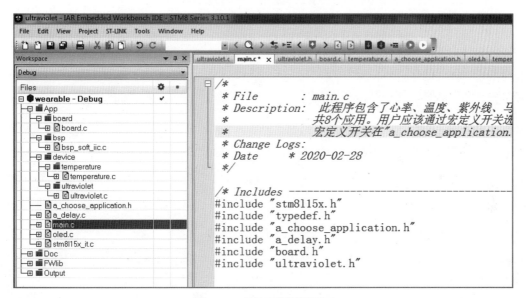

图 4.16　项目开发配置界面

1. 人体温度采集处理程序头文件（temperature.h）

```
#ifndef TEMPERATURE_H
#define TEMPERATURE_H
#define SOFT_IIC_GPIO_PORT  GPIOC
#define SOFT_IIC_SCL_PIN    GPIO_Pin_1
#define SOFT_IIC_SDA_PIN    GPIO_Pin_0
typedef struct word_t
{
    u8 low_byte;
    u8 high_byte;
```

```
}WORD_T;

struct t_value_t
{
    s16 interger;
    u16 two_bit_decimal;
}
void temperature_device_handler(void);      //1 s采样一次
void get_temperature_and_valid_len(u8 temperature[], u8 *len);
#endif
```

2. 人体温度采集处理程序（temperature.c）

```
/***********************************************
 * File       : temperature.c
 * Description: 使用MLX90615测量温度。测量物体温度TO
 *             公式: To[°C] = RAM(7h)*0.02 - 273.15
 *             通信使用两线SMBus
 * Date        2020-02-11
 ***********************************************/
#include "stm8l15x.h"
#include "typedef.h"
#include <string.h>
#include "a_choose_application.h"
#include "board.h"
#include "a_delay.h"
#include "bsp_soft_iic.h"
#include "oled.h"
#include "temperature.h"
#define POLYNOMINAL              (0x07)      //X8+X2+X1+1
#define SA                       (0x00)      //从机地址
#define DEFAULT_SA               (0x5B)      //默认从机地址
#define RAM_ACCESS               (0x20)      //RAM存取命令
#define EEPROM_ACCESS            (0x10)      //EEPROM存取命令
#define OBJECT_T_ADDR_IN_RAM     (0x07)      //物体温度在RAM中的地址
#define AMBIENT_T_ADDR_IN_RAM    (0x06)
#define MAX_SAMPLE_PERIOD        1000

static struct iic_port_t s_tTemperatureIic =
{
    .scl.gpio = SOFT_IIC_GPIO_PORT,
    .scl.pin  = SOFT_IIC_SCL_PIN,
    .sda.gpio = SOFT_IIC_GPIO_PORT,
    .sda.pin  = SOFT_IIC_SDA_PIN
```

```
};
struct t_value_t tTemperature = {0,0};
static u16 iSampleDly = MAX_SAMPLE_PERIOD;
static u8 cal_pec(u8 *ptr, u8 len)            //crc-8 X8+X2+X1+1
{
    u8 k, crc;
    crc = 0;
    while(len-- != 0)
    {
        for(k = 0x80; k !=0; k /=2)
        {
            if((crc & 0x80) != 0)             //余式CRC*2，再求CRC
            {
                crc *= 2;
                crc ^= POLYNOMINAL;
            }
            else
            {
                crc *= 2;
            }

            if((* ptr & k) != 0)              //加本位的CRC
            {
                crc ^= POLYNOMINAL;
            }
        }
        ptr++;
    }
    return crc;
}


u8 read_word_from_mlx90615(u8 address, u8 command, WORD_T *word)
{
    u8 pec = 0;
    u8 buf[5];
    address <<= 1;
    soft_iic_io_init(&s_tTemperatureIic);    //初始化设置SCL和SDA为开漏，并输出高阻
    soft_iic_start(&s_tTemperatureIic);      //启动IIC通信

    if(iic_deliver(&s_tTemperatureIic, address) == FALSE)      //发送address
    {
        return FALSE;
    }
```

```
        buf[0] = address;
        if(iic_deliver(&s_tTemperatureIic, command) == FALSE)        //发送命令
        {
            return FALSE;
        }
        buf[1] = command;
        soft_iic_start(&s_tTemperatureIic);                          //重发开始命令
        address |= BIT0;

        if(iic_deliver(&s_tTemperatureIic, address) == FALSE)   //发送address and read
        {
            return FALSE;
        }
        buf[2] = address;
        word->low_byte = iic_collect(&s_tTemperatureIic);
        buf[3] = word->low_byte;
        yes_acknowledge(&s_tTemperatureIic);
        //未读完，CPU发低电平确认应答信号，以便读取下8位数据
        word->high_byte = iic_collect(&s_tTemperatureIic);
        buf[4] = word->high_byte;
        yes_acknowledge(&s_tTemperatureIic);
        //未读完，CPU发低电平确认应答信号，以便读取下8位数据
        pec = iic_collect(&s_tTemperatureIic);
        no_acknowledge(&s_tTemperatureIic);
        //已读完所有数据，CPU发"高电平非应答确认"信号
        soft_iic_stop(&s_tTemperatureIic);

        if (cal_pec(buf, 5) != pec)
        {
            return FALSE;
        }
        return TRUE;

    }
static float convert_ad_to_centidegree(u16 value)
{
    float temperature;
    temperature = (value * 0.02) - 273.15;
    return temperature;
}
 static bool acquire_integer_and_two_bit_decimal_of_temperature(float temperature,
struct t_value_t *value)                              //取重量的整数和小数后两位
    {
```

```c
        if (value == NULL)
    {
        return FALSE;
    }
    value->interger = (s16)temperature;

    if (temperature >= 0)
    {
        temperature -= value->interger;                //获取小数
        value->two_bit_decimal = (u16)(temperature * 100);        //保留两位小数
    }
    else
    {
        temperature = temperature * (-1);              //转成正数
        temperature += value->interger;                //得到小数
        temperature += 0.005;                          //小数点第三位四舍五入
        value->two_bit_decimal = (u16)(temperature * 100);        //保留两位小数
    }
    return TRUE;
}
static void show_temperature_in_oled(struct t_value_t *value)
{
    char content[17];
    u8 len;
        strcpy(content, "    ");
    convert_num_to_string(value->interger, (u8*)&content[strlen(content)]);
    strcat(content, ".");
    convert_num_to_string(value->two_bit_decimal, (u8*)&content[strlen(content)]);
    //strcat(content, " kg");
    len = strlen(content);                    //获取content数组，不包含'\0'长度
     while (len < 16)
    {
        strcat(content, " ");                 //补空格
        len++;
    }
    oled_show_string(0, 4, (u8*)content);
}

void get_temperature_and_valid_len(u8 temperature[], u8 *len)
{
    temperature[0] = tTemperature.interger;
    temperature[1] = tTemperature.two_bit_decimal;
    *len = 2;
```

```
    }

    void temperature_device_handler(void)        //1 s采样一次
    {
        WORD_T word;
        struct t_value_t t;
        u16 value;
        float temperature;

        if (iSampleDly != 0)
        {
            iSampleDly--;
            return;
        }
        iSampleDly =  MAX_SAMPLE_PERIOD;          //赋值采样延迟时间
        if (read_word_from_mlx90615(SA, (RAM_ACCESS |OBJECT_T_ADDR_IN_RAM), &word)
== FALSE)
        {
            return;
        }
        value = word.high_byte;
        value <<= 8;
        value += word.low_byte;
        temperature = convert_ad_to_centidegree(value);
        acquire_integer_and_two_bit_decimal_of_temperature(temperature, &t);
        tTemperature = t;
        show_temperature_in_oled(&t);
    }
```

3．主程序文件（main.c）

```
/***************************************************
 * File       : main.c
 * Description: 体温检测传感器
 *
 * Change Logs:
 * Date          2020-02-28
 ***************************************************/
/*-------------- Includes -------------*/
#include "stm8l15x.h"
#include "typedef.h"
#include "a_choose_application.h"
#include "a_delay.h"
#include "board.h"
```

```c
#include "ultraviolet.h"

static u32 lSystemFrequency = 0;
static void clk_configuration(void)               //16 MHz HSI
{
    CLK_DeInit();                                 //恢复CLK外设寄存器到默认值(可有可无)
    CLK_HSEConfig(CLK_HSE_OFF);                   //关外部晶振
    CLK_HSICmd(ENABLE);                           //使能HSI 16 MHz(RESET后默认)
    CLK_SYSCLKDivConfig(CLK_SYSCLKDiv_1);         //不分频
    while (CLK_GetFlagStatus(CLK_FLAG_HSIRDY) == RESET);
                                                  //等待HSI时钟稳定可使用
    CLK_SYSCLKSourceConfig(CLK_SYSCLKSource_HSI);
                                                  //使用HSI为主时钟源(RESET后默认)

    lSystemFrequency = CLK_GetClockFreq();
}


void one_ms_app_handler(void)
{
    if (get_timer_update_flag() != FALSE)
    {
        set_timer_update_flag(FALSE);
        temperature_device_handler();            //温度1 s采样一次
    }
}


void main(void)
{
    clk_configuration();                         //16MHz HSI
    delay_init(lSystemFrequency/1000000);
    board_init();                                //必要的初始化,其中在OLED显示设备名,需要至少320 ms
    _EINT();                                     //开全局中断

    while (1)
    {
        one_ms_app_handler();
    }
}
```

四、软硬件联调

根据已有的电路原理图和程序代码,在IAR软件中进行程序编辑、编译、生成下载,得到正确的效果,如图4.17所示。

图 4.17　项目运行结果

任务拓展

　　根据任务一的实验，编程实现根据人体温度变化进行提醒或报警服务，这里提醒和报警装置可以用LED灯亮和熄替代，比如当人体温度值超过37.6 ℃时打开LED灯。

任务二　设计开发基于蓝牙的人体体温监测器

视频

项目的实现原理与程序分析

任务描述

　　本任务学习STM8L051F3的USART部分相关知识。以单片机和蓝牙模块HC-5为主，设计基于蓝牙无线传输的数据采集系统，利用APP作为上位机，实时读取和显示由单片机和体温传感器采集处理得到人体体温数据。

相关知识

一、通信的基本概念

1. 通信的分类

　　在计算机系统中，CPU和外部通信有两种方式：并行通信和串行通信。

　　如图4.18所示，将一组数据的各数据位在多条线上同时传送，这种通信方式称为并行通信，其特点是各数据位同时传送，传送速度快，硬件接线成本高，适用于短距离传输，并行通信一般是按字节（Byte）传送数据。如CPU与存储器、主机与键盘之间所涉及的数据传输大部分是并行方式。

　　如图4.19所示，将数据逐位在一条线上进行传输，这种通信方式称为串行通信，其特点是各数据位顺序传送，传送速度慢，硬件成本低，适用于长距离传输，串行通信是按位（bit）传送数据。

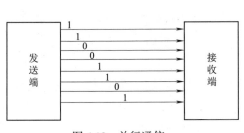

图 4.18　并行通信

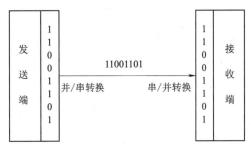

图 4.19　串行通信

2. 串行通信的传输方式

按照数据传输的方向，串行通信可分成单工、半双工和全双工三种传输方式，如图4.20所示。

➤ 单工方式下：数据只能按照一个固定的方向传输，如广播。

➤ 半双工方式下：每个通信端都由一个发送器和一个接收器组成，但两个方向上的数据传输不能同时进行，只能一端发送，一端接收，如对讲机，一方讲话，另一方不能讲话，即双方不可以同时讲话。

➤ 全双工方式下：每个通信端都有发送器和接收器，两个方向上可以同时发送和接收，如电话机，电话双方可以同时讲话。

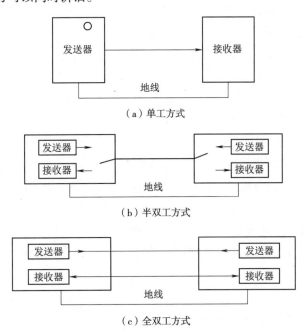

图 4.20　串行通信的三种传输方式

在实际应用中，尽管多数串行通信接口电路具有全双工方式，但一般情况下，只工作于半双工方式下，这种用法简单实用。

3．异步串行通信

按照串行通信数据传送时的时钟控制方式，串行通信又分为同步串行通信和异步串行通信。

同步串行通信1次数据传输由同步字符、数据字符、校验字符构成1帧信息。同步串行通信数据传输率高，但要求收发双方的时钟严格同步。

异步串行通信1次数据传输由起始位、数据位、校验位、停止位4部分组成1帧信息。其格式如图4.21所示。

图 4.21　异步串行通信数据格式

串口通信是计算机上一种通用设备通信协议。大多数台式计算机包含一个基于RS232的串口。串口同时也是仪器仪表设备通用的通信协议；很多嵌入式设备也带有RS232口。同时，串口通信协议也可以用于获取远程采集设备的数据。

串口通信的概念非常简单，串口按位发送和接收字节。尽管比按字节的并行通信慢，但是串口可以在使用一根线发送数据的同时用另一根线接收数据。它很简单并且能够实现远距离通信。比如IEEE488定义并行通行状态时，规定设备线总长不得超过20 m，并且任意两个设备间的长度不得超过2 m；而对于串口而言，长度可达1 200 m。

典型地，串口用于ASCII码字符的传输。通信使用3根线完成：地线、发送线、接收线。由于串口通信是异步的，端口能够在一根线上发送数据，同时在另一根线上接收数据。其他线用于握手，但不是必需的。串口通信最重要的参数是波特率、数据位、停止位和奇偶校验位。对于两个进行通信的端口，这些参数必须匹配。

（1）波特率

波特率即传送速率，用于说明数据传送的快慢。在串行通信中，数据是按位进行传送的，因此传送速率用每秒传送格式位的数目来表示，称为波特率（band rate）。每秒传送一个格式位就是1波特。这是一个衡量通信速度的参数。它表示每秒传送的bit的个数。例如，300波特表示每秒发送300个bit。当提到时钟周期时，就是指波特率。例如，如果协议需要4 800波特率，那么时钟是4 800 Hz。这意味着串口通信在数据线上的采样率为4 800 Hz。通常电话线的波特率为14 400、28 800和36 600。波特率可以远远大于这些值，但是波特率和距离成反比。常用的有：48 00、9 600、19 200、115 200波特。

（2）数据位

数据位是衡量通信中实际数据位的参数。当计算机发送一个信息包，实际数据不会是8位，标准值是5、7和8位。如何设置取决于用户想传送的信息。例如，标准ASCII码是0 ~ 127（7位）。扩展的ASCII码是0 ~ 255（8位）。如果数据使用简单的文本（标准 ASCII码），那么每个数据包使用7位数据。每个包指一个字节，包括开始/停止位、数据位和奇偶校验位。由于实际数据位取决于通信协议的选取，术语"包"指任何通信的情况。

（3）停止位

停止位用于表示单个包的最后一位。典型值为1、1.5和2位。由于数据是在传输线上定时的，并且每一个设备有其自己的时钟，很可能在通信中两台设备间出现了小小的不同步。因此停止位不仅仅是表示传输的结束，并且提供了计算机校正时钟同步的机会。适用于停止位的位数越多，不同时钟同步的容忍程度越大，但是数据传输率同时也越慢。

（4）奇偶校验位

在串口通信中一种简单的检错方式。有四种检错方式：偶、奇、高和低。当然没有校验位也是可以的。对于偶和奇校验的情况，串口会设置校验位（数据位后面的一位），用一个值确保传输的数据有偶个或者奇个逻辑高位。例如，如果数据是011，那么对于偶校验，校验位为0，保证逻辑高的位数是偶数个。如果是奇校验，校验位为1，这样就有3个逻辑高位。高位和低位不真正地检查数据，简单置位逻辑高或者逻辑低校验。这样使得接收设备能够知道一个位的状态，有机会判断是否有噪声干扰了通信或者传输和接收数据是否不同步。

二、STM8L 的 USART 通信

USART（Universal Synchronous/Asynchronous Receiver Transmitter，通用同步/异步收发器）的功能强大，支持同步单向通信和半双工通信、智能卡协议和 IrDA（红外数据组织）解码规范，同时也支持多路处理器通信，使用多路缓存配置的 DMA 还能实现高速数据通信。主要性能如下：

- 全双工异步通信。
- NRZ 标准格式。
- 高精度波特率系统生成器：
  - 可编程收发波特率最高达 fSYSCLK/16。
- 可编程数据字长度（8/9 位）。
- 可配置停止位–1/2 位。。
- 同步通信发送器的时钟输出。
- 单线半双工通信。
- IrDASIR 编码器/解码器：
  - 支持正常模式的 3/16 位时间。
- 智能卡仿真能力：
  - 智能卡接口支持在 ISO 7816–3 标准定义的智能卡的异步协议；
  - 智能卡运行的 1.5 位停止位。
- 配置多路缓冲通信可以使用DMA：
  - 使用 DMA 功能收发数据可以节省 RAM 空间。
- 可指定使能发送器和接收器。
- 转移器检测标志位：
  - 接收缓存器满；
  - 发送缓存器空；

- 发送完成标志。
- 奇偶检验控制：
  - 发送奇偶校验位；
  - 检测接收数据的奇偶校验。
- 4 个错误检测标志：
  - 溢出错误；
  - 噪声错误；
  - 架构错误；
  - 奇偶校验错误。
- 8 个中断源和标志位：
  - 发送数据寄存器空；
  - 发送完成；
  - 接收数据寄存器满；
  - 空闲接收；
  - 奇偶检验错误；
  - 数据溢出错误；
  - 结构错误；
  - 噪声错误。
- 两个中断向量：
  - 发送器中断；
  - 接收器中断。
- 降低功耗模式。
- 多处理器通信：如果没有发生地址匹配进入静音模式（mutemode）。
- 静音模式下唤醒（在空闲总线上检测到地址匹配）。
- 2 个接收唤醒模式：
  - 地址位；
  - 空闲总线。

STM8L芯片的USART模块的框图如图4.22所示。接口通过两个或三个引脚与其他设备连接在一起。

UART双向通信至少需要两个引脚：

UART_RX：串行数据输入。使用采样技术来区别数据和噪声，从而恢复数据。

UART_TX：串行数据输出。当发送器被禁止时，输出引脚状态由其GPIO端口配置决定。当发送器被激活，并且不发送数据时，TX引脚处于高电平。

USART双向通信至少需要三个引脚：

UART_RX：串行数据输入。使用采样技术区别数据和噪声，从而恢复数据。

UART_TX：串行数据输出。当发送器被禁止时，输出引脚状态由其GPIO端口配置决定。当发送器被激活，并且不发送数据时，TX引脚处于高电平。

　　UART_SK：发送器时钟输出。此引脚输出用于同步传输的时钟。

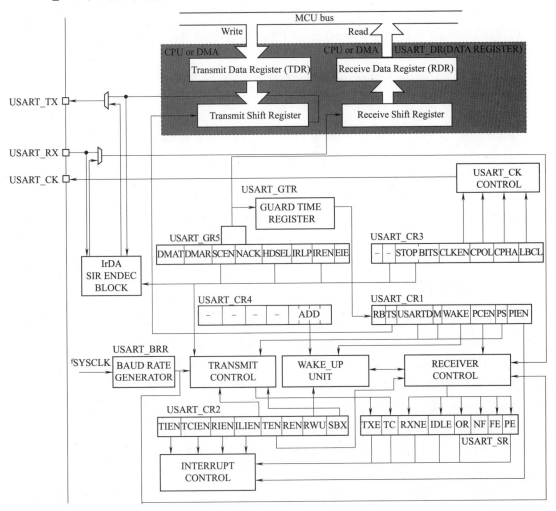

图 4.22　USART 模块的框图

　　通过这些管脚，在普通UART模式下串行数据的发送接收帧结构组成如下：

　　UART在进行双向通信时最少需要两个引脚：UART_RX 串行数据输入引脚与 UART_TX 串行数据输出引脚，它们在正常的 UART 模式下，异步串行通信的字符格式数据收发，有一个固定的格式，如图4.23所示。

➢ 在发送或接收前，总线要空闲。

➢ 一个起始位。

➢ 一个数据字（8 位或 9 位），最低位先发送。

➢ 1、1.5 或 2 个停止位表示一帧数据传输完毕。

➢ 一个状态寄存器（USART_SR）。

➢ 数据寄存器（USART_DR）。

➢ 16位波特率预分频器（USART_BRR）。

➢ 用于智能卡模式的Guardtime寄存器。

异步串行通信以字符为单位，即一个字符一个字符地传送。经常使用的串口起始是指UART（通用异步收发器），UART与USART的根本区别是USART可以同步进行收发，USART比UART多一个CLK引脚。

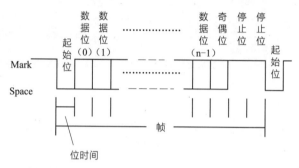

图4.23　异步串行通信数据收发字符格式

三、蓝牙模块简介

蓝牙技术是一种无线数据和语音通信开放的全球规范，它是基于低成本的近距离无线连接，为固定和移动设备建立通信环境的一种特殊的近距离无线技术连接。蓝牙模块连接到微控制器的串行端口，允许微控制器通过蓝牙连接与其他设备无线通信。模块本身可以在主模式和从模式下运行，并且可以用于各种应用，例如，智能家居应用、远程控制、数据记录应用、机器人、监控系统等。

蓝牙作为一种小范围无线连接技术，能在设备间实现方便快捷、灵活安全、低成本、低功耗的数据通信和语音通信，因此它是目前实现无线局域网通信的主流技术之一。从1999年第一代蓝牙1.0的出现，到现在第五代蓝牙5.0的发展，蓝牙技术已开启"物联网"时代大门。2010的蓝牙4.0的发布，使蓝牙技术在低功耗和性能上都有了里程碑式的发展。蓝牙4.0是3.0的升级版本。较3.0版本更省电、成本低、3 ms低延迟、超长有效连接距离、AES–128加密等。蓝牙4.0将三种规格集于一体，包括传统蓝牙技术、高速技术和低耗能技术，与3.0版本相比最大的不同就是低功耗。4.0版本的功耗较老版本降低了90%，更省电。这种低功耗版本使蓝牙技术得以延伸到采用钮扣电池供电的一些新兴市场。通常用在蓝牙耳机、蓝牙音箱等设备上。也为开拓钟表、远程控制、医疗保健及运动感应器等广大新兴市场的应用奠定基础。目前流行的各种健身手表，也是使用这种蓝牙技术跟踪检测健身者的心率等指标变化情况。做到实时提醒和历史记录变化。

1. HC-05蓝牙通信模块

为了便于学习和理解以及价格等因素，本任务中选用基于2.1版本的HC-05蓝牙通信模块，项目中使用的HC-05蓝牙通信模块实物图如图4.24所示。

2. HC-05蓝牙通信模块引脚介绍

HC-05蓝牙通信模块各个引脚说明如图4.25和表4.1所示。

图 4.24　HC-05 蓝牙通信模块实物图　　　　图 4.25　HC-05 蓝牙通信模块引脚标识

表4.1　HC-05蓝牙通讯模块引脚说明

序号	名称	说明
1	EN	电源控制端（高电平使能，低电平失能）
2	VCC	电源（3.3 ~ 5.0 V）
3	GND	地
4	TXD	模块串口发送脚（TTL 电平，不能直接接 RS232 电平），可接单片机的 RXD
5	RXD	模块串口接收脚（TTL 电平，不能直接接 RS232 电平），可接单片机的 TXD
6	STATE	配对状态输出；配对成功输出高电平，未配对则输出低电平。

3. HC-05蓝牙通信模块电气特性参数

HC-05蓝牙通信模块电气特性参数说明如表4.2所示。

表4.2　HC-05蓝牙通信模块电气特性参数

项目	说明
接口特性	TTL，兼容 3.3 V/5 V 单片机系统
支持波特率	4 800、9 600、19 200、38 400、57 600、115 200、230 400、460 800、921 600、1 382 400
其他特性	主从一体，指令切换，默认为从机。带状态指示灯，带配对状态输出
通信距离	10 m（空旷地），一般在 10 ~ 20 m
工作温度	−25℃ ~ +75℃
模块尺寸	16 mm × 32 mm
工作电压	DC 3.3 ~ 5.0 V
工作电流	配对中：30 ~ 40 mA；配对完毕未通信：1 ~ 8 mA；通信中：5 ~ 20 mA

4. HC-05蓝牙通信模块原理图

HC-05蓝牙通信模块原理图如下图4.26所示。

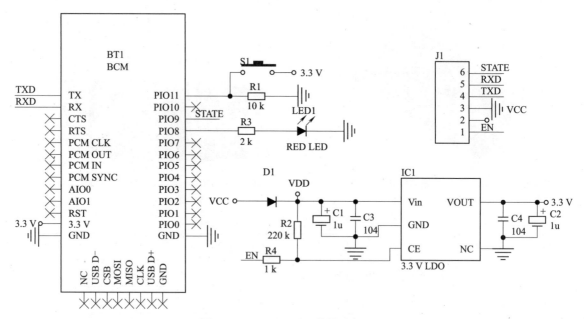

图 4.26   HC-05 蓝牙通信模块原理图

5．HC-05蓝牙通信模块工作模式

HC-05 嵌入式蓝牙串口通信模块（以下简称模块）具有两种工作模式：命令响应工作模式和自动连接工作模式，在自动连接工作模式下模块又可分为主（Master）、从（Slave）和回环（Loopback）三种工作角色。当模块处于自动连接工作模式时，将自动根据事先设定的方式连接并传输数据；当模块处于命令响应工作模式时能执行下述所有 AT 命令，用户可向模块发送各种 AT 指令，为模块设定控制参数或发布控制命令。通过控制模块外部引脚（PIO11）输入电平，可以实现模块工作状态的动态转换。

6．模块自带STATE状态指示灯

模块自带了一个状态指示灯：LED。该灯有3种状态：

①在模块上电的同时（也可以是之前），将KEY设置为高电平（接VCC），此时LED慢闪（1 s亮1次），模块进入AT状态，且此时波特率固定为38 400。

②在模块上电的时候，将KEY悬空或接GND，此时TA快闪（2次/s），表示模块进入可配对状态。如果此时将KEY再拉高，模块也会进入AT状态，但是LED依旧保持快闪。

③模块配对成功，此时LED双闪（一次闪2下，2 s闪一次）。

有了LED指示灯，就可以很方便地判断模块的当前状态，方便大家使用。

7．模块使用——AT指令集

（1）进入AT状态

有2种方法使模块进入AT指令状态：

➤ 上电之前将KEY设置为VCC，上电后，模块即进入AT指令状态。进入AT状态后，模块的波

特率为38 400（8位数据位，1位停止位）。

> 模块上电后，通过将KEY接VCC，使模块进入AT状态。进入AT状态后，模块波特率和通信波特率一致。

HC-05蓝牙串口模块所有功能都是通过AT指令集控制，这里仅介绍用户常用的几个AT指令，详细的指令集，请参考"HC-05蓝牙指令集.pdf"文档。

（2）指令结构

模块的指令结构为：

```
AT+<CMD>?  查询参数格式
AT+<CMD>=<PARAM>  设置参数格式
```

其中CMD（指令）和PARAM（参数）都是可选的，不过切记在发送末尾添加回车符（\r\n），否则模块不响应。比如，查看模块的版本：

```
串口发送：AT+VERSION?\r\n
模块回应：+VERSION:2.0-20100601
OK
```

如上所述，HC-05的主要工作是为项目添加双向（全双工）无线功能。它可用于两个具有串行功能的微控制器之间的通信，但它也可用于通过微控制器控制任何蓝牙设备，反之亦然。

HC-05是主从一体的蓝牙串口模块，模块启动后，任何蓝牙设备（如智能手机）都应该可以发现它。然后，用户可以使用标准密码连接到设备。建立连接后，数据通过HC-05传输并转换为串行流。然后由模块连接的微控制器读取该串行流。从微控制器发送数据的方式相反。在使用中，当蓝牙设备与蓝牙设备配对连接成功后，可以忽略蓝牙内部的通信协议，直接将蓝牙当作串口用，建立连接后，两设备共同使用一个通道也就是同一个串口，一个设备发送数据到通道中，另外一个设备便可以接收通道中的数据。

一、硬件准备

1. HC-05蓝牙模块

本任务中需要加入一个蓝牙模块，其他硬件设备与任务一的实验设备完全一致，不再罗列。详细内容读者可以参考本项目任务一的内容。HC-05蓝牙模块如图4.27所示。

2. 硬件平台

本试验所需硬件平台如下：

> 实验平台：STM8L051F3自行设计开发板。

> 下载&仿真器：ST-LINK。

开发板、下载&仿真器和任务一相同，硬件连接图示如图4.28所示。

图 4.27 HC-05 蓝牙模块

图 4.28 硬件连接

HC-05蓝牙模块

二、软件设计

软件设计主要内容是：本任务中除了新增的蓝牙设备外，其他硬件都和本项目的任务一连接和配置方式一样，即初始化IIC（打开IIC外设时钟、使能IIC外设、初始化IIC基础参数、编写IIC读写函数）和初始化OLED（OELD的IIC地址为0x78，编写OLED读写数据/命令函数，初始化OLED基础参数）。还需要增加URAT1串口通信初始化。URAT1串口通信初始化的实现内容在board.c中可以找到。

图4.29所示为蓝牙模块连接原理图，从中可以看出，STM8L051F3单片机与蓝牙通过URAT1串口PC5（UT）、PC6（UR）两个引脚进行通信，在学习开发板上已预留了蓝牙接口，把蓝牙模块直接插入核心板蓝牙接口即可。实际连接电路如下：

GND→GND、VCC→3V3、蓝牙UT→STM8L的UR（PC6）、蓝牙UR→ STM8L的UT（PC5）。

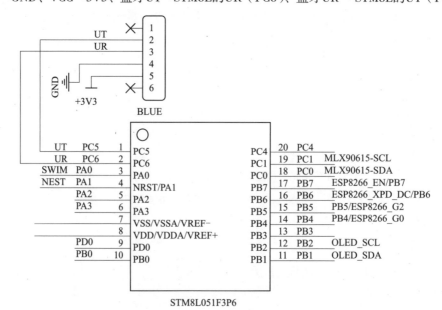

图 4.29 蓝牙模块连接原理图

1．程序流程图

根据以上分析，程序编写的具体流程如图4.30所示。

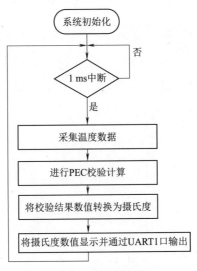

图 4.30　程序流程

2．编写基于蓝牙的人体体温检测程序

工程的配置和建立过程见附录A，工程文件总结构规划如图4.31所示。

其中，Lib_stm8l文件夹中存放系统提供的库文件，分别包含头文件和源库文件的inc和src两个文件夹。Project文件夹存放工程项目文件。User文件夹存放开发相关文件。User文件夹如图4.32所示。

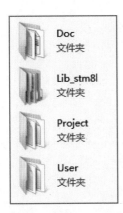

图 4.31　工程文件总结构

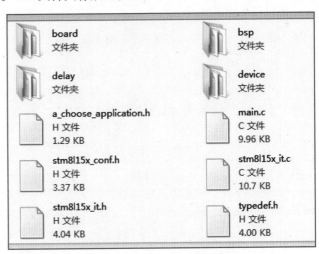

图 4.32　User 文件夹结构

项目所需导入的函数库和分组规划如图4.33所示。

本任务中的软件实现和任务一一致，添加了串口通信部分，本书未讲解APP的开发，为了让读者了解APP控制开发板读取传感器数据的开发流程，我们给大家提供了简单的上位机APP安装程序和源程序代码，读者可以在Android Studio中打开项目进行参考学习。为了让APP能够与硬件通信，读取人体体温传感器采集的温度数据，在任务一的基础上，在board分组下建立uart1.h、uart1.c、led led.h和led.c处理文件，其他文件的建立和工程配置可参考任务一。这里只需要在相应程序中添加蓝牙相关的处理程序。

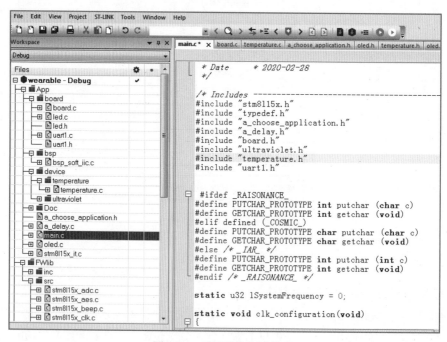

图4.33 项目开发配置界面

（1）串口相关处理程序头文件（uart1.h）

```
#ifndef _UART1_H                  //宏定义,定义文件名称
#define _UART1_H
/*----------头文件引用-------------*/
#include "stm8l15x.h"             //STM8L051/151公用库函数
/*----------变量声明-------------*/
extern u8 uart1_gs;              //UART3接收数据指针
extern u8 uart1_try[20];         //UART3接收数据存放的数组
/*----------函数声明-------------*/
void UART1_Congfiguration(void);   //UART1 配置函数
void UART1_Send_Byte(u8 byte);     //UART1发送数据函数
void UART1_Send_Str(void);         //蓝牙串口转发函数
void UART1_Control_LED(void);      //蓝牙接收数据控制LED灯
#endif                             //定义文件名称结束
```

（2）串口相关处理程序文件（uart1.c）

```
#include "uart1.h"
#include "led.h"
#include "a_delay.h"
u8 uart1_gs=0;                     //UART3接收数据指针
u8 uart1_try[20];                  //UART3接收数据存放的数组
```

```
/*****************************************
*    函数名: UART1_Congfiguration
*    功能说明: UART1 配置函数
*    形    参: 无
*    返回值: 无
*****************************************/
void UART1_Congfiguration(void)
{
    /* 设置UART引脚到PC端口 */
    SYSCFG_REMAPPinConfig(REMAP_Pin_USART1TxRxPortC, ENABLE);
    //  USART1 Tx- Rx (PC3- PC2) remapping to PC5- PC6
    GPIO_ExternalPullUpConfig(GPIOC, GPIO_Pin_5 | GPIO_Pin_6, ENABLE);
    CLK_PeripheralClockConfig (CLK_Peripheral_USART1,ENABLE);   //开启USART时钟
    USART_Init(USART1,9600,USART_WordLength_8b,USART_StopBits_1,USART_Parity_No,
    USART_Mode_Rx|USART_Mode_Tx);  //设置USART参数9600，8N1，接收/发送
    USART_ITConfig (USART1,USART_IT_RXNE,ENABLE);              //使能接收中断
    USART_Cmd (USART1,ENABLE);                                //使能USART
    enableInterrupts();
}
/*****************************************
*    函数名: UART1_Send_Byte
*    功能说明: UART1发送数据函数
*    形    参: u8 byte   一次发送一个字节
*    返回值: 无
*****************************************/
void UART1_Send_Byte(u8 byte)
{
    USART_SendData8 (USART1,byte); //UART1发送8位数据
    while(USART_GetFlagStatus(USART1,USART_FLAG_TXE ) == RESET);  //等待发送完成

}
/*****************************************
*    函数名: UART1_Send_Str
*    功能说明: 串口转发函数
*    形    参: 无
*    返回值: 无
*****************************************/
void UART1_Send_Str(void)
{
    u8 i=0;

    if(uart1_gs>0)           //如果大于0证明串口接收到数据了
    {
        delay_ms(20);        //延时等待接收后面的字节
```

```
            //RS485_DIR_H;      //485准备发送数据
            delay_ms(2);          //等待485控制端稳定

            for(i=0;i<uart1_gs;i++)            //发送所有接收到的数据
            {
                UART1_Send_Byte(uart1_try[i]);
            }
            delay_ms(2);          //等待数据发送完成
            uart1_gs=0;
            //接收指针清零，指向数组的第0个位置。下次再有数据接收时从第0个位置装入
    }
}
/*******************************************
*   函 数 名：UART3_Control_LED
*   功能说明：RS485接收数据控制LED灯
*   形    参：无
*   返 回 值：无
********************************************/
void UART1_Control_LED(void)
{
    if(uart1_gs>0)          //如果大于0证明串口接收到数据了
    {
        if(uart1_try[0]=='1')
        {
          LED1_L;          //发光
          LED2_L;          //发光
          LED3_L;          //发光
          delay_ms(1000);
        }
        if(uart1_try[0]=='2')
        {
          LED1_H;          //发光
          LED2_H;          //发光
          LED3_H;          //发光
          delay_ms(1000);
        }
        uart1_gs=0;          //指针复位
    }
}
```

（3）Led灯处理程序头文件（Led.h）

```
#ifndef _LED_H                    //宏定义，定义文件名称
#define _LED_H
/*----------头文件引用-----------*/
```

```c
#include "stm8l15x.h"            //引用STM8头文件
/*---------宏定义声明----------*/
#define LED1_PIN GPIO_Pin_3    //定义GPIO_PIN_0引脚为LED1_PIN，相当于重新命名
#define LED2_PIN GPIO_Pin_4    //定义GPIO_PIN_3引脚为LED2_PIN，相当于重新命名
#define LED3_PIN GPIO_Pin_5    //定义GPIO_PIN_6引脚为LED3_PIN，相当于重新命名


#define LED1_PORT GPIOB //定义GPIOE端口为LED1_PORT，相当于重新命名
#define LED2_PORT GPIOB //定义GPIOA端口为LED2_PORT，相当于重新命名
#define LED3_PORT GPIOB //定义GPIOA端口为LED3_PORT，相当于重新命名
//如果想用其他管脚控制LED，那么只需更改上面对应的端口与引脚编号即可
#define LED1_L  GPIO_ResetBits(LED1_PORT, LED1_PIN);
//定义LED1_L，调用LED1_L命令，PE0引脚输出低电平
#define LED1_H  GPIO_ResetBits(LED1_PORT, LED1_PIN);
//定义LED1_H，调用LED1_H命令，PE0引脚输出低高平
 #define LED1_R GPIO_ToggleBits(LED1_PORT,LED1_PIN);
//定义LED1_R，调用LED1_R命令，PE0引脚输出电平状态取反

#define LED2_L  GPIO_ResetBits(LED2_PORT, LED2_PIN);
 //定义LED2_L，调用LED1_L命令，PE0引脚输出低电平
#define LED2_H  GPIO_SetBits(LED2_PORT, LED2_PIN);
 //定义LED2_H，调用LED2_H命令，PA3引脚输出低高平
#define LED2_R GPIO_ToggleBits(LED2_PORT,LED2_PIN);

#define LED3_L GPIO_ResetBits(LED3_PORT,LED3_PIN);
//定义LED3_L，调用LED2_L命令，PA6引脚输出低电平
#define LED3_H GPIO_SetBits(LED3_PORT,LED3_PIN);
//定义LED3_H，调用LED2_H命令，PA6引脚输出低高平
#define LED3_R GPIO_ToggleBits(LED3_PORT,LED3_PIN);
//定义LED3_R，调用LED2_R命令，PA6引脚输出电平状态取反
/*-----------函数声明-----------------*/
void LED_Init(void);            //LED初始化函数
void LED_Demo1(void);           //闪烁例程1，间隔时间为1 s
```

（4）LED灯处理程序文件（Led.c）

```c
#include "led.h"
#include "a_delay.h"
/**********************************
*    函 数 名：LED_Init
*    功能说明：LED的GPIO管脚初始化
*    形    参：无
*    返 回 值：无
***********************************/
void LED_Init(void)
```

```
{
    /* 配置LED1 IO口为输出模式，初始状态为高*/
    GPIO_Init(LED1_PORT, LED1_PIN, GPIO_Mode_Out_PP_High_Fast);
    /* 配置LED2 IO口为输出模式，初始状态为高*/
    GPIO_Init(LED2_PORT, LED2_PIN, GPIO_Mode_Out_PP_High_Fast);
    GPIO_Init(LED3_PORT, LED3_PIN, GPIO_Mode_Out_PP_High_Fast);
}
/*******************************************
*    函 数 名: LED_Demo1
*    功能说明: 闪烁例程，间隔时间为1秒。
*    形    参: 无
*    返 回 值: 无
*******************************************/
void LED_Demo1(void)
{
    LED1_L;                    //拉低PE0引脚，LED1发光二极管(发光)
    LED2_L;                    //拉低PA3引脚，LED2发光二极管(发光)
    LED3_L;                    //拉低PA6引脚，LED3发光二极管(发光)
    delay_ms(1000);    //延时1 s
    LED1_H;                    //拉高PE0引脚，LED1发光二极管(熄灭)
    LED2_H;                    //拉高PA3引脚，LED2发光二极管(熄灭)
    LED3_H;                    //拉高PA6引脚，LED3发光二极管(熄灭)
    delay_ms(1000);    //延时1 s
}
#endif
```

（5）板级初始化程序文件（board.h）

```
#define GPIO_LED GPIOB
#define GPIO_LED_Pin GPIO_Pin_5
#define LED1_ON          (GPIO_SetBits(GPIO_LED, GPIO_LED_Pin))
#define LED1_OFF         (GPIO_ResetBits(GPIO_LED, GPIO_LED_Pin))

void board_init(void);
bool convert_num_to_string(s16 num, u8 *str);
void system_time_self_increasing(void);
u32 get_system_time(void);
void set_timer_update_flag(u8 value);
u8 get_timer_update_flag(void);
u32 cal_absolute_value(u32 a, u32 b);          //计算两数相减的绝对值
u8 get_tick_count(u32 *count);
```

（6）板级初始化程序头文件（board.c）

```
/***************************
```

```
 * File       : board.c
 * Description:
 * Change Logs:
 * Date   · 2020-03-28
 *******************************/

#include "stm8l15x.h"
#include "typedef.h"
#include "a_choose_application.h"
#include "board.h"
#include "uart1.h"
#include "oled.h"
#include "led.h"

static vu32 lSystemTimeCountInMs = 0;            //最大49.7天会溢出
static vu8 cTimerHasBeenUpdated = FALSE;

static void timer_configuration(void)       //1 ms定时更新中断,定时器
{
    CLK_PeripheralClockConfig(CLK_Peripheral_TIM2, ENABLE); //使能TIM2时钟
    TIM2_TimeBaseInit(TIM2_Prescaler_1, TIM2_CounterMode_Down, 16000);
    //时钟不分频(16M),向下计数模式,自动重装载寄存器ARR=16000,即1 ms溢出
    TIM2_ITConfig(TIM2_IT_Update, ENABLE);             //开定时更新中断
    TIM2_Cmd(ENABLE);
}

static void adc_configuration(void)                //ADC1 CHANNEL 13 PB5
{
    CLK_PeripheralClockConfig(CLK_Peripheral_ADC1, ENABLE);  //使能ADC1时钟
    /* Initialise and configure ADC1 */
    ADC_Init(ADC1, ADC_ConversionMode_Continuous, ADC_Resolution_12Bit,
ADC_Prescaler_2);                               //精度12位, 时钟2分频即8MHz
    ADC_SamplingTimeConfig(ADC1, ADC_Group_SlowChannels,
ADC_SamplingTime_384Cycles);
    /* Enable ADC1 */
    ADC_Cmd(ADC1, ENABLE);
    /* Enable ADC1 Channel 4    PB3*/
    ADC_ChannelCmd(ADC1, ADC_Channel_15, ENABLE);
    /* Enable End of conversion ADC1 Interrupt */
    ADC_SoftwareStartConv(ADC1);
}
/*蓝牙通信用到串口初始化*/
static void uart_configuration(void)
```

```
{
    GPIO_ExternalPullUpConfig(GPIOC, GPIO_Pin_5 | GPIO_Pin_6, ENABLE);
    CLK_PeripheralClockConfig(CLK_Peripheral_USART1, ENABLE);   //使能UART1时钟
    /* 设置UART引脚到PC端口 */
    SYSCFG_REMAPPinConfig(REMAP_Pin_USART1TxRxPortC, ENABLE);
    //USART1 Tx- Rx (PC3- PC2) remapping to PC5- PC6

    USART_Init(USART1,                      /* 初始化UART1 */
          (u32)9600,                        /* ( uint32_t)/* BSP9600 */
          USART_WordLength_8b,           /* 8位数据长度 */
          USART_StopBits_1,              /* 1位停止位 */
          USART_Parity_No,               /* 无校验 */
          (USART_Mode_TypeDef)(USART_Mode_Tx | USART_Mode_Rx)); /* 使能接收和发送功能 */
          USART_ITConfig(USART1,USART_IT_RXNE, ENABLE);      /* 开UART 接收中断 */
    /* 使能 USART */
    USART_Cmd(USART1, ENABLE);
    enableInterrupts();
}

static void display_device_name(void)
{
    oled_show_string(0, 0, " <temperature>  ");
}

bool convert_num_to_string(s16 num, u8 *str)
{
    u8 len = 0;
    s32 mark = 1000000000;
    if(NULL == str)
    {
        return FALSE;
    }
    if (0 == num)
    {
        str[0] = '0';
        str[1] = '\0';
        return TRUE;
    }
    else if (num < 0)
    {
        num = -num;
        str[len ++] = '-';
    }
```

```c
    while ((num / mark) == 0)
    {
        mark /= 10;
    }
    while (mark > 0)
    {
        str[len ++] = (num / mark) + 0x30;
        num %= mark;
        mark /= 10;
    };
    str[len ++] = '\0';
    return TRUE;
}
void system_time_self_increasing(void)
{
    lSystemTimeCountInMs++;
    if(lSystemTimeCountInMs%1000==0)
    {
        // LED1_H;        //拉高PE0引脚，LED1发光二极管(熄灭)
        // LED2_H;
        //LED1_OFF;
    }else if(lSystemTimeCountInMs%500==0)
    {
        // LED1_L;        //拉低PE0引脚，LED1发光二极管(发光)
        // LED2_L;
        //LED1_ON;
    }
    //if(lSystemTimeCountInMs%100==0)
    //{
    //    set_timer_update_flag(TRUE);
    //}
}
u32 get_system_time(void)
{
    return lSystemTimeCountInMs;
}
u8 get_tick_count(u32 *count)
{
    count[0] = lSystemTimeCountInMs;
    return 0;
}

void set_timer_update_flag(u8 value)
```

```
{
    cTimerHasBeenUpdated = value;
}

u8 get_timer_update_flag(void)
{
    return cTimerHasBeenUpdated;
}

u32 cal_absolute_value(u32 a, u32 b)        //计算两数相减的绝对值
{
  return ((a>b)? (a - b):(b - a));
}

void board_init(void)
{
    timer_configuration();                  //1 ms定时更新中断，定时器
    adc_configuration();                    //紫外线 ADC1 CHANNEL 13 PB5
    uart_configuration();
    LED_Init();
    oled_init();
    display_device_name();                  //在OLED显示设备名，需要至少320 ms
}
```

（7）主程序文件（main.c）

在程序文件初始化部分，添加UART1初始化程序。

```
/*********************************************
 * File       :  main.c
 * Description:  人体温度检测
 * Date          2020-02-28
 *********************************************/
/*-------------- Includes -------------*/
#include "stm8l15x.h"
#include "typedef.h"
#include "a_choose_application.h"
#include "a_delay.h"
#include "board.h"
#include "ultraviolet.h"
#include "temperature.h"
#include "uart1.h"
static u32 lSystemFrequency = 0;
static void clk_configuration(void)         //16 MHz HSI
{
```

```
    CLK_DeInit();                                    //恢复CLK相关寄存器到默认值(可有可无)
    CLK_HSEConfig(CLK_HSE_OFF);                      //关外部晶振
    CLK_HSICmd(ENABLE);                              //使能HSI 16MHz(RESET后默认)
    CLK_SYSCLKDivConfig(CLK_SYSCLKDiv_1);            //不分频
    while (CLK_GetFlagStatus(CLK_FLAG_HSIRDY) == RESET);
    //等待HSI时钟稳定并可用
    CLK_SYSCLKSourceConfig(CLK_SYSCLKSource_HSI);    //使用HSI为主时钟源(RESET后默认)
    lSystemFrequency = CLK_GetClockFreq();
}
void one_ms_app_handler(void)
{
    if (get_timer_update_flag() != FALSE)
    {
        set_timer_update_flag(FALSE);
        temperature_device_handler();
    }
}
void main(void)
{
    clk_configuration();                             //16 MHz HSI
    delay_init(lSystemFrequency/1000000);            //必要的初始化,其中在OLED显示设备名,
需要至少320 ms
    board_init();
    enableInterrupts();              // _EINT();      //开全局中断
    u8 ttemperature[2];              //暂存检测到的体温的正数部分和小数部分
    u8 tlen=0;                       //读取的数据长度
    while (1)
    {
        one_ms_app_handler();
        get_temperature_and_valid_len(ttemperature, &tlen);
        u8 i;
        for(i=0;i<tlen;i++)          //发送所有接收到的数据
        {
            UART1_Send_Byte(ttemperature[i]);
            while (USART_GetFlagStatus(USART1, USART_FLAG_TC) == RESET);
        }

        UART1_Control_LED();         //根据APP的"打开灯"和"关闭灯"按钮控制开发板上的LED灯
    }
}
```

（8）添加UART1接收中断程序的代码（stm8l15x_it.c）

```
/* --------Includes ----------*/
```

```
//添加相应引用的头文件
#include "stm8l15x_it.h"
#include "typedef.h"
#include "a_choose_application.h"
#include "board.h"
#include "temperature.h"
#include "led.h"
#include "uart1.h"
INTERRUPT_HANDLER(USART1_RX_TIM5_CC_IRQHandler,28)    //USART1接收数据中断处理函数
{
    u8 a;             // UART3接收数据指针
    USART_ClearITPendingBit (USART1,USART_IT_RXNE); //清中断标志
    a=USART_ReceiveData8 (USART1);
    if(uart1_gs<20)
    {
        uart1_try[uart1_gs++]=a;
    }
    else
    {
        uart1_gs=0;
    }
}
```

三、软硬件联调

根据已有的电路原理图和程序代码，在IAR软件中进行程序编辑、编译、生成下载，打开手机APP，选择蓝牙设备，成功读取温度数据，如图4.34所示。

图4.34　手机 APP 读取设备检测到温度数据

任务拓展

　　根据任务二的实验，在APP端或嵌入式端修改程序，实现根据人体温度变化进行提醒或报警服务，这里提醒和报警装置可以用LED灯亮和熄替代，比如当人体温度值超过37.6 ℃时打开LED灯。

思考与问答

　　1.简述串行通信的特点。

　　2.简述非接触式体温传感器的原理。

　　3.简述非接触式体温传感器采集温度数据的过程。

　　4.请正确写出初始化UART1的语句，波特率设置为57 600，数据长度为8位，1位停止位，无校验，并使能接受和发送。

项目五

可穿戴设备综合实训
——运动辅助设备的设计

生命在于运动，运动是人体保持健康的重要方式，而跑步或快走是被科学证明的最好的健身方式，计步器和心率检测仪是目前爱好运动人士的标配。真正实现运动的量化，并根据人体心率变化实时检测身体状况。是我们锻炼身体的好助手。

本项目主要学习心率传感器和MPU6050传感器的工作原理与编程技巧；继续熟悉HC-5蓝牙设备的工作原理和使用方法；最后利用STM8L单片机、心率传感器、MPU6050传感器、蓝牙模块以及相应的APP，学习掌握APP控制硬件、读取传感器信息的开发流程和技巧。

····· ● 课 件

项目五

知识点

➤心率传感器原理。

➤心率传感器检测算法。

➤MPU6050传感器原理。

➤MPU6050传感器检测算法。

技能点

➤使用心率传感器采集心率数据。

➤使用MPU6050传感器采集计步数据。

任务一 设计开发人体心率检测器

在本任务中，主要介绍心率传感器的原理和时序等本任务中用到的基本知识，给出了项目的开发原理和程序流程图。最后给出心率传感器的单片机STM8L051F3程序。硬件开发平台与以上任务相同，最终实现软硬件联调。

利用STM8L051F3和心率传感器设计并制作自动心率检测器，并在OLED显示屏上显示测得的人体心率数据。

相关知识

一、心率采集信息价值

心率是指正常人安静状态下每分钟心跳的次数，又称安静心率，一般为60～100次/min，可因年龄、性别或其他生理因素产生个体差异。一般来说，年龄越小，心率越快，老年人心跳比年轻人慢，女性的心率比同龄男性快，这些都是正常的生理现象。安静状态下，成人正常心率为60～100次/min，理想心率应为55～70次/min（运动员的心率较普通成人偏慢，一般为50次/min左右）。心率曲线图如图5.1所示。

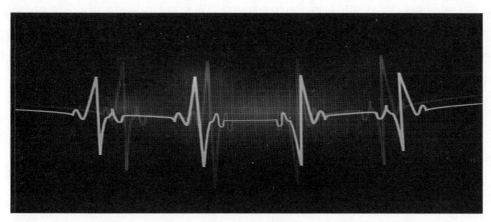

图 5.1 心率曲线

1．心率过速

成人安静时心率超过100次/min（一般不超过160次/min），称为窦性心动过速，常见于兴奋、激动、吸烟、饮酒、喝浓茶或咖啡后，或见于感染、发热、休克、贫血、缺氧、甲亢、心力衰竭等病理状态下，或见于应用阿托品、肾上腺素、麻黄素等药物后。

2．心率过缓

成人安静时心率低于60次/min（一般在45次/min以上），称为窦性心动过缓，可见于长期从事重体力劳动的健康人和运动员；或见于甲状腺机能低下、颅内压增高、阻塞性黄疸以及洋地黄、奎尼丁或心得安类药物过量。如果心率低于40次/min，应考虑有病态窦房结综合征、房室传导阻滞等情况。如果脉搏强弱不等、不齐且脉率少于心率，应考虑心房纤颤。

3．窦性心动过缓

很多人都会有窦性心动过缓伴不齐，对于多数人来说是正常的，不必过于担心。窦性心动过缓是指心率低于60次/min的人，是否会出现此症状，与其心跳过缓的频率和引起心跳过缓的原因有关。

在安静状态下，成年人的心率若在50~60次/min，一般不会出现明显症状。尤其是一些训练有素的运动员以及长期从事体力劳动的人，在安静状态下即使其心率在40次/min左右也不会出现明显症状。但是一般人的心率若在40~50次/min，就会出现胸闷、乏力、头晕等症状，若其心率降至35~40次/min，则会发生血流动力学改变，使心脑器官的供血受到影响，从而出现胸部闷痛、头晕、晕厥甚至猝死。如果自我感觉没有任何不适，不用去理会心电图所说的"窦性心动过缓伴不齐"，但如果出现胸闷、乏力、头晕等不适症状，应立即到医院进一步检查，比如动态心电图、心脏彩超等检查，了解心动过缓的病因，如果心跳过慢，可以通过安装心脏起搏器缓解症状，改善预后。

二、心率传感器及原理

光电容积法的基本原理是利用人体组织在血管搏动时造成透光率不同来进行脉搏测量。光电容积法的基本原理如图5.2所示，其使用的传感器由光源和光电变换器两部分组成，通过绑带或夹子固定在病人的手腕上。光源一般采用对动脉血中氧和血红蛋白有选择性的一定波长（500~700 nm）的发光二极管。当光束透过人体外周血管，由于动脉搏动充血容积变化导致这束光的透光率发生改变，此时由光电变换器接收经人体组织反射的光线，转变为电信号并将其放大和输出。由于脉搏是随心脏的搏动而周期性变化的信号，动脉血管容积也周期性变化，因此光电变换器的电信号变化周期就是脉搏率。

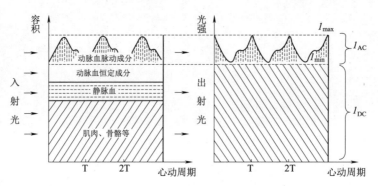

图 5.2　光电容积法的基本原理

根据相关文献和实验结果，560 nm的光波可以反映皮肤浅部微动脉信息，适合用来提取脉搏信号。该传感器主动发射峰值波长为515 nm的绿光LED，再通过光接收器拾取反射光谱，由于脉搏信号的频带一般为0.05~200 Hz，信号幅度均很小，一般在毫伏级水平，容易受到各种信号干扰。在感受器后面使用了低通滤波器和运放构成的放大器，将信号放大了数百倍后，最后经过触发器整形成矩形波。心率信号转换流程如图5.3所示，心率传感器工作示意图如图5.4所示。

图 5.3　心率信号转换流程

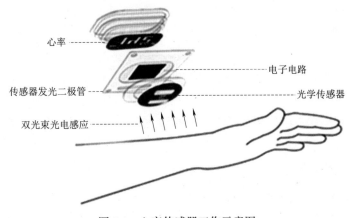

图 5.4 心率传感器工作示意图

三、心率传感器电路解析

本模块使用SON1303光电式心率传感器，SON1303设计结构如图5.5所示，该传感器可放置于人体各部位测试人体心率和脉搏。

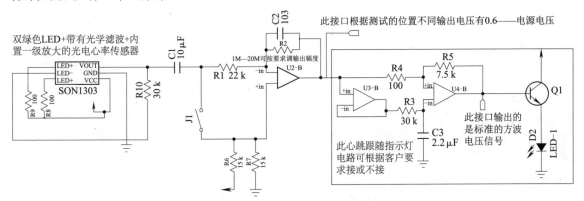

图 5.5 SON1303 设计结构图

➤SON1303采用的反射式光电传感器使测量方式更加自由，应用范围遍及可佩戴式电子产品以及新式测试方法的脉搏测量仪器，能扩大脉搏测量配套设备的应用范围。

➤内部集成高科技纳米涂层环境光检测传感器，过滤不需要的光源，减少由其他光源干扰的误判动作，准确度高。

➤SON1303采用570 nm发光波长的绿光，与红外光相比反射率更高，测量感度更高，同时提高了S/N比特性，使用了最适合测量脉搏用的发光波长。

心率传感模块中集成了SON1303和SON3130，SON1303作为心率传感芯片，配合SON3130使用，SON3130是高阻型运算放大器，通过以下电路，SON3130可将SON1303采集到的信号进行放大输出。

四、心率传感代码解析

1. MCU嵌入式系统功能

通过ADC采集传感器输出的脉搏的模拟信号，并通过数字滤波算法去除干扰信号，然后将有效脉搏信号通过蓝牙模块传输到APP中。脱机工作时通过波形识别算法，识别出每一个有效的脉搏脉冲信号，换算出人体准实时心率，及心率的变化；以供与APP连接后查询历史心率变化。

2. SON3130芯片功能

SON3130芯片内部集成有施密特触发器，可以将脉搏流形整形成矩形，简化单片软件的结构，单片机通过外部中断和定时器测量脉搏的周期，从而计算出人体的心率。计算过程中考虑到测量过程有干扰的存在，所以中间使用了均值滤波算法将其中的干扰剔除，最终获得稳定的心率值。

3. 获取定时器计数值代码

```
void heart_appHandler(void)
{
    heartSkip = TRUE;
    time = getSystemMsTime();
}
```

获取定时器计数值的函数被放在检测脉冲波形中断引脚的中断服务函数中，中断服务函数为INTERRUPT_HANDLER（EXTI3_IRQHandler, 11）。只有当外部中断引脚被脉冲跳变沿触发时中断服务函数内的heart_appHandler()函数才会进行定时器计数值的获取。

4. 心率数值计算代码

```
if(FALSE == heartSkip) return;                       //如果外部中断没有被触发，则直接返回
newTime = time;
tmpRate = 60000 / (newTime - oldTime);               /* 计算本周期心率值 */
oldTime = newTime;                    /* 保存本次中断的计数器值，作为下次运算的开始时间 */
if(tmpRate > 0 && tmpRate < 140) {                    /* 去除异常心率值 */
    heartRateBuff[heartCnt ++] = (uint8_t)tmpRate;   //将新心率数值存入均值滤波
                                                        缓冲区
    heartCnt %= HEART_MARK_TIME_BUFF_SIZE;            //滤波缓冲区数组咬尾判断
    rateSum = 0;                                      //累加数值清零
    for (i = 0; i < HEART_MARK_TIME_BUFF_SIZE;i ++) {
        rateSum += heartRateBuff[i];                 //心率数值累加计算
    }
    heartRate = rateSum / HEART_MARK_TIME_BUFF_SIZE;      //心率均值计算
    char strBuff[17] = "    ";
    uint8_t len;
    intNumToStr(heartRate, & strBuff[strlen(strBuff)]);     //格式化打印
    strcat(strBuff, "BPM   ");                           //格式化打印
    len = strlen(strBuff);                               //格式化打印
    while ((len++) < 16) {                               //格式化打印
        strcat(strBuff, " ");                           //格式化打印
    }
    OLED_ShowString(0, 4, strBuff);                     //根据格式化打印内容进行显示
}
```

5. 心率数值传入缓冲区代码

```
uint8_t heart_getData(uint8_t * buff)
{
    buff[0] = heartRate;
    return 0x01;
}
```

heart_getData()函数返回的是自己的数据长度、数组指针返回的则是要传输的心率数值。

任务实施

一、硬件准备

为了实验方便，选择图5.6所示的心率传感器模块，此模块可以通过杜邦线与开发板的相应引脚相连。

图 5.6　心率传感器

二、硬件平台

本实验所需硬件平台如下：

➤实验平台：STM8L051F3 自行设计开发板。

➤下载&仿真器：ST-LINK。

开发板、下载&仿真器和以上项目相同，硬件连接图示如图5.7所示。

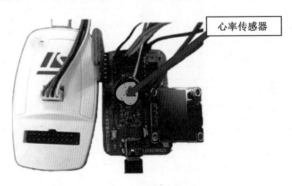

图 5.7　硬件连接图

三、软件设计

1. 心率传感器电路原理图

心率传感器电路原理图如图5.8所示。

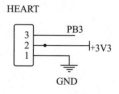

图 5-8　心率传感器原理图

2. 心率传感器接口连接原理图

心率传感器接口连接原理图如图5.9所示。

从图5.9可以看到，电路STM8L051F3芯片通过PB3引脚与传感器连接，通过ADC采集传感器输出的脉搏的模拟信号，并通过数字滤波算法去除干扰信号，然后将有效脉搏信号通过蓝牙模块传输到APP中显示数据。

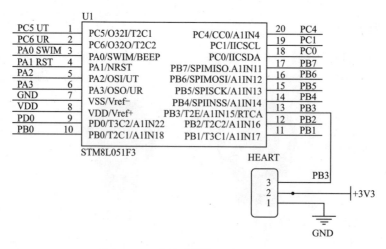

图 5.9　心率传感器接口连接原理图

3. 程序流程图

根据以上分析，程序编写的，具体流程如图5.10所示。

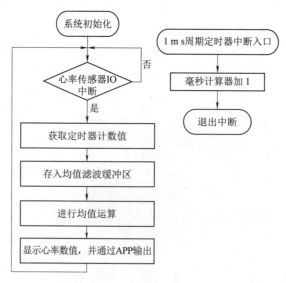

图 5.10　程序流程图

四、编写心率检测程序

工程的配置和建立过程见附录A，工程文件结构规划如图5.11所示。

Lib_stm8l文件夹下保存系统提供的库文件相关的两个文件夹INC和SRC，Project文件夹保存项目建立的相关文件，都是项目建立过程中系统自动生成的文件，User文件夹保存自己建立的文件，User文件夹的详细内容如图5.12所示。

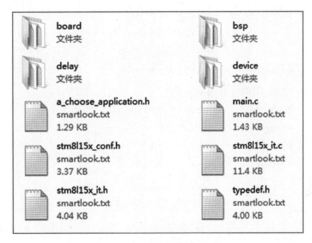

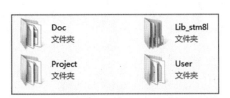

图 5.11　工程文件划分　　　　　　　　图 5.12　3User 文件夹内容

board文件夹中保存底层硬件的初始化文件board.h和board.c文件。bsp文件夹保存软件实现IIC文件bsp_soft_iic.h和bsp_soft_iic.c文件，delay文件夹保存延时函数相关文件a_delay.h和a_delay.c文件，device文件夹保存相关传感器处理函数和显示处理函数。

项目所需导入的函数库和分组规划如图5.13所示。

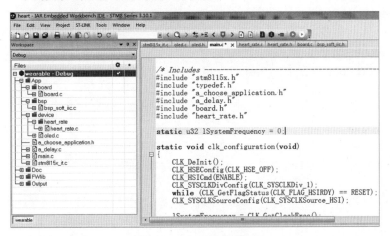

图 5.13　项目开发设置界面

首先在device分组中添加子分组heart_rate，在heart_rate分组下建立心率传感器处理相关文件heart_rate.h和heart_rate.c文件。注意本项目用到PB3引脚的中断处理。其他文件的建立和设置与项目三相同。

1. 主程序文件（main.c）

在主函数中，根据采样的 ADC 值来检测环境温湿度，主函数如下：

```
/**********************************
名称: main()
功能: 心率检测
入口参数: 无
出口参数: 无
**********************************/
/* --------Includes ---------------*/
#include "stm8l15x.h"
#include "typedef.h"
#include "a_choose_application.h"
#include "a_delay.h"
#include "board.h"
#include "heart_rate.h"

static u32 lSystemFrequency = 0;

static void clk_configuration(void)        //16 MHz HSI
{
    CLK_DeInit();                          //恢复CLK 相应寄存器到默认值(可有可无)
    CLK_HSEConfig(CLK_HSE_OFF);            //关外部晶振
    CLK_HSICmd(ENABLE);                    //使能HSI 16 MHz(RESET后默认)
    CLK_SYSCLKDivConfig(CLK_SYSCLKDiv_1);        //不分频
    while (CLK_GetFlagStatus(CLK_FLAG_HSIRDY) == RESET);
    //等待HSI 时钟稳定可使用
    CLK_SYSCLKSourceConfig(CLK_SYSCLKSource_HSI);
    //使用HSI为主时钟源(RESET后默认)
    lSystemFrequency = CLK_GetClockFreq();
}

void main(void)
{
    clk_configuration();                   //16 MHz HSI
    delay_init(lSystemFrequency/1000000);
    board_init();                  //必要的初始化，其中在OLED显示设备名，需要至少320 ms

    heart_io_init();               //使用PB3 外部中断, 上升/下降沿中断
    _EINT();                       //开全局中断

    while (1)
    {
```

```
                get_heart_rate_and_show_it_in_oled();
        }
}
```

2. 心率采集处理程序头文件（heart_rate.h）

```
/*****************************************
嵌入式高级应用——可穿戴设备开发
版本:V1.0
日期:2020-02-12
说明:主芯片STM8L051F3
*****************************************/
#ifndef HEART_RATE_H
#define HEART_RATE_H
#define HEART_GPIO_PORT   GPIOB
#define HEART_GPIO_PIN    GPIO_Pin_3
#define HEART_SAMPLE_INPUT_IS_HIGH   (GPIO_ReadInputDataBit( HEART_GPIO_PORT,
                                     HEART_GPIO_PIN) != 0)
#define HEART_SAMPLE_INPUT_IS_LOW    (GPIO_ReadInputDataBit( HEART_GPIO_PORT,
                                     HEART_GPIO_PIN) == 0)
void heart_io_init(void);                //使用PB3外部中断,上升/下降沿中断
void heart_rate_irq_handler(void);
void get_heart_rate_and_show_it_in_oled(void);
void get_heart_rate_and_valid_len(u8 buff[], u8 *len);
#endif
```

3. 人体心率采集处理程序（heart_rate.c）

```
/*****************************************
嵌入式高级应用——可穿戴设备开发—心率检测
版本:V1.0
日期:2020-02-12
说明:主芯片STM8L051F3
*****************************************/
#include "stm8l15x.h"
#include "typedef.h"
#include <string.h>
#include "a_delay.h"
#include "board.h"
#include "oled.h"
#include "heart_rate.h"


/*****************************************
采集2个上升（或下降）沿之间的时间作为脉宽T，心率=60000/T
滤波:采集VALID_CYCLY_ARRAY_SIZE个脉宽,取中间VALID_CYCLY_ARRAY_SIZE/2个进行平均
```

```
得到T
T应该在300~3 000 ms,其他无效
高、低电平脉宽大于80 ms,其他无效
当前使用的是GPIO外部中断捕获,可靠的方式应为TIMER捕获
*********************************************/
#define MIN_VALID_PULSE_WIDTH_TIME        (80)
#define MAX_VALID_PULSE_WIDTH_TIME        (3000)
#define MIN_VALID_CYCLE_WIDTH_TIME        (300)
#define MAX_VALID_CYCLE_WIDTH_TIME        (1500)
#define VALID_CYCLY_ARRAY_SIZE            (16)
typedef struct pulse_t
{
    bool valid_flag;
    u32 pulse_width;
}PULSE_T;


struct pulse_time_t
{
    u32 rising_edge;
    u32 fisrt_falling_edge;
    u32 second_falling_edge;
    PULSE_T p_pulse;
    PULSE_T n_pulse;
};
static struct pulse_time_t tPulseTime = {0,0,0,{FALSE,0},{FALSE,0}};
static u16 iValidCycleArray[VALID_CYCLY_ARRAY_SIZE] = {0};
static vu8 cValidCycleOrder = 0;
static u8 cInterruptTimes = 0;
static u8 cHeartRateHasBeenSampled = FALSE;
static u16 iHeartRate = 0;


void heart_rate_irq_handler(void)
{
    u16 valid_cycle;
    if (HEART_SAMPLE_INPUT_IS_HIGH)                //高电平,上升沿中断
    {
        tPulseTime.rising_edge = get_system_time();
        if (tPulseTime.fisrt_falling_edge != 0)
        {
            //计算负脉冲宽度
            tPulseTime.n_pulse.pulse_width = cal_absolute_value(tPulseTime.rising_edge,
    tPulseTime.fisrt_falling_edge);//经过此计算,如果系统时钟溢出,宽度超宽会被丢弃
            if ((tPulseTime.n_pulse.pulse_width >= MIN_VALID_PULSE_WIDTH_TIME) &&
```

```
           (tPulseTime.n_pulse.pulse_width <= MAX_VALID_PULSE_WIDTH_TIME))  //可靠脉冲宽度
            {
                tPulseTime.n_pulse.valid_flag = TRUE;
            }
            else
            {
                tPulseTime.n_pulse.valid_flag = FALSE;
            }
        }
    }
    else                                  //低电平, 下降沿中断
    {
        cInterruptTimes++;

        if ((cInterruptTimes % 2) == 1)
        //第一个下降沿中断, 只会触发一次, 由于始终有脉冲, 只好默认空闲为高电平
        {
            tPulseTime.fisrt_falling_edge = get_system_time();
        }
        else                              //第二个下降沿中断
        {
            cInterruptTimes = 1;        //保证下一个下降沿回到此处理
            tPulseTime.second_falling_edge = get_system_time();
            tPulseTime.p_pulse.pulse_width = cal_absolute_value(tPulseTime.rising_edge,
                                    tPulseTime.second_falling_edge);
            //经过此计算, 如果系统时钟溢出, 宽度超宽会被丢弃
            tPulseTime.fisrt_falling_edge = tPulseTime.second_falling_edge;
            // 第二个下降沿, 即为下个cycle的第一个下降沿
            if (tPulseTime.fisrt_falling_edge == 0)     //系统时钟的溢出处理
            {
                tPulseTime.fisrt_falling_edge++;
            }
            if ((tPulseTime.p_pulse.pulse_width >= MIN_VALID_PULSE_WIDTH_TIME) &&
                (tPulseTime.p_pulse.pulse_width <= MAX_VALID_PULSE_WIDTH_TIME))
                            //可靠脉冲宽度
            {
                tPulseTime.p_pulse.valid_flag = TRUE;
            }
            else
            {
                tPulseTime.p_pulse.valid_flag = FALSE;
            }
        }
```

```c
        }
        if ((tPulseTime.p_pulse.valid_flag == TRUE) && (tPulseTime.n_pulse.valid_flag ==TRUE))
        {
            valid_cycle = (u16)(tPulseTime.p_pulse.pulse_width + tPulseTime.n_pulse.pulse_width);
            if ((valid_cycle >= MIN_VALID_CYCLE_WIDTH_TIME) && (valid_cycle <=
                                        MAX_VALID_CYCLE_WIDTH_TIME))
            {
                if (cValidCycleOrder < VALID_CYCLY_ARRAY_SIZE) //防止中断过快，造成数组溢出
                {
                    iValidCycleArray[cValidCycleOrder++] = valid_cycle;
                    //cValidCycleOrder在主循环中清空
                    if (cValidCycleOrder >= VALID_CYCLY_ARRAY_SIZE)
                    //收到合适的VALID_CYCLY_ARRAY_SIZE个数据
                    {
                        cHeartRateHasBeenSampled = TRUE;
                    }
                }
            }
        }
}
static void bubble_sort(u16 a[],u8 len)   //从小到大排序，a[]表示传参为数组地址
{
    uint32_t i,j,temp;
    for(j = 0; j < (len - 1); j++)
    {
        for(i = 0;i < (len - 1 - j); i++)
        {
            if(a[i] > a[i+1])
            {
                temp = a[i];
                a[i] = a[i+1];
                a[i+1] = temp;
            }
        }
    }
}


static u16 calculate_mean_value(u16 a[], u8 len, u8 num)
//求均值（去除最大num个和最小的num个）
{
    u8 i;
    u16 mean_value = 0;
```

```c
    if (len <= (num*2))
    {
        return FALSE;
    }
    bubble_sort(a, len);

    for(i = num; i < len - num; i++)        //去除最大两个和最小的两个
    {
        mean_value += a[i];
    }
    mean_value /=  (len-(num * 2));          //求均值
    return mean_value;
}
void show_heart_rate_in_oled(u16 heart_rate)
{
    char content[17];
    u8 len;

    strcpy(content, "    ");
    convert_num_to_string(heart_rate, (u8*)&content[strlen(content)]);
    strcat(content, "BPM   ");
    len = strlen(content);                  //获取content数组，不包含'\0'长度

    while (len < 16)
    {
        strcat(content, " ");               //补空格
        len++;
    }
    oled_show_string(0, 4, (u8*)content);
}
void get_heart_rate_and_valid_len(u8 buff[], u8 *len)
{
    u8 heart_rate;

    heart_rate = iHeartRate % 256;          //只取低8位
    buff[0] = heart_rate;
    *len 1 =  1;
}
void heart_io_init(void)                                //使用PB3 外部中断, 上升/下降沿中断
{
    GPIO_Init(HEART_GPIO_PORT, HEART_GPIO_PIN, GPIO_Mode_In_FL_IT);
    //心率输入引脚, 中断浮空输入
    EXTI_SetPinSensitivity(EXTI_Pin_3, EXTI_Trigger_Rising_Falling);
```

```
        //使能心率引脚中断，上升/下降沿中断
}


void get_heart_rate_and_show_it_in_oled(void)
{
    u16 cycly;
    if (cHeartRateHasBeenSampled == FALSE)
    {
        return;
    }
    //由于中断做了处理，以下赋值不需要考虑中断影响
    cHeartRateHasBeenSampled = FALSE;
    cValidCycleOrder = 0;
    cycly = calculate_mean_value(iValidCycleArray, VALID_CYCLY_ARRAY_SIZE,
            VALID_CYCLY_ARRAY_SIZE/4);         //求均值（去除最大num和最小num）
    iHeartRate = 60000/cycly;
    show_heart_rate_in_oled(iHeartRate);
}
```

4. 板级初始化设置程序头文件（board.h）

```
#ifndef BOARD_H
#define BOARD_H

void board_init(void);
bool convert_num_to_string(s16 num, u8 *str);
void system_time_self_increasing(void);
u32 get_system_time(void);
void set_timer_update_flag(u8 value);
u8 get_timer_update_flag(void);
u32 cal_absolute_value(u32 a, u32 b);         //  计算两数相减的绝对值
u8 get_tick_count(u32 *count);

#endif
```

5. 板级初始化设置程序（board.c）

```
/*********************************
 * File        : board.c
 * Description:
 * Change Logs:
 * Date          2020-03-28
 *********************************/
#include "stm8l15x.h"
#include "typedef.h"
#include "board.h"
```

```
#include "oled.h"
//#include "led.h"

static vu32 lSystemTimeCountInMs = 0;          //最大49.7天会溢出
static vu8 cTimerHasBeenUpdated = FALSE;

static void timer_configuration(void)          //1ms 定时更新中断定时器
{
    CLK_PeripheralClockConfig(CLK_Peripheral_TIM2, ENABLE);    //使能TIM2时钟
    TIM2_TimeBaseInit(TIM2_Prescaler_1, TIM2_CounterMode_Down, 16000);
    //时钟不分频(16M)，向下计数模式，自动重装载寄存器ARR=16000，即1ms溢出
    TIM2_ITConfig(TIM2_IT_Update, ENABLE);
    //开定时更新中断
    TIM2_Cmd(ENABLE);
}


static void adc_configuration(void)            //ADC1 CHANNEL 13 PB5
{

    CLK_PeripheralClockConfig(CLK_Peripheral_ADC1, ENABLE);    //使能ADC1时钟
    /* 初始化和配置 ADC1 */
    ADC_Init(ADC1, ADC_ConversionMode_Continuous, ADC_Resolution_12Bit,
ADC_Prescaler_2);                              // 精度12位，时钟2分频即8 MHz
    ADC_SamplingTimeConfig(ADC1, ADC_Group_SlowChannels,ADC_SamplingTime_384Cycles);
    /* 使能 ADC1 */
    ADC_Cmd(ADC1, ENABLE);
    /* 使能 ADC1 Channel 13 PB5   Channel_15  PB3*/
    ADC_ChannelCmd(ADC1, ADC_Channel_15, ENABLE);
    //ADC_ITConfig(ADC1, ADC_IT_EOC, ENABLE);
    /* ADC1 开始转换*/
    ADC_SoftwareStartConv(ADC1);
}


static void uart_configuration(void)
{
    GPIO_ExternalPullUpConfig(GPIOC, GPIO_Pin_5 | GPIO_Pin_6, ENABLE);
    CLK_PeripheralClockConfig(CLK_Peripheral_USART1, ENABLE);    //使能UART1时钟
    /* 设置UART引脚到PC端口 */
    SYSCFG_REMAPPinConfig(REMAP_Pin_USART1TxRxPortC, ENABLE);
    //USART1 Tx- Rx (PC3- PC2) remapping to PC5- PC6

    USART_Init(USART1,                         /* 初始化UART1 */
        (u32)9600,                             /* BSP9600 */
        USART_WordLength_8b,                   /* 8位数据长度 */
        USART_StopBits_1,                      /* 1位停止位 */
        USART_Parity_No,                       /* 无校验 */
```

```
                    (USART_Mode_TypeDef)(USART_Mode_Tx | USART_Mode_Rx)); /* 使能接收和发送功能 */
            USART_ITConfig(USART1,USART_IT_RXNE, ENABLE);          /* 开UART 接收中断 */
        /* 使能 USART */
        USART_Cmd(USART1, ENABLE);


}
static void display_device_name(void)
{
    oled_show_string(0, 0, "  <Heart rate>  ");
    oled_show_string(0, 4, "    0BPM" );
}

bool convert_num_to_string(s16 num, u8 *str)
{
    u8 len = 0;
    s32 mark = 1000000000;

    if(NULL == str)
    {
        return FALSE;
    }

    if (0 == num)
    {
        str[0] = '0';
        str[1] = '\0';
        return TRUE;
    }
    else if (num < 0)
    {
        num = -num;
        str[len ++] = '-';
    }

    while ((num / mark) == 0)
    {
        mark /= 10;
    }

    while (mark > 0)
    {
        str[len ++] = (num / mark) + 0x30;
        num %= mark;
        mark /= 10;
    };
    str[len ++] = '\0';
```

```
    return TRUE;
}
void system_time_self_increasing(void)
{
    lSystemTimeCountInMs++;
}
u32 get_system_time(void)
{
    return lSystemTimeCountInMs;
}
u8 get_tick_count(u32 *count)
{
    count[0] = lSystemTimeCountInMs;
    return 0;
}


void set_timer_update_flag(u8 value)
{
    cTimerHasBeenUpdated = value;
}

u8 get_timer_update_flag(void)
{
    return cTimerHasBeenUpdated;
}

u32 cal_absolute_value(u32 a, u32 b)      //计算两数相减的绝对值
{
    return ((a>b)? (a - b):(b - a));
}

void board_init(void)
{

    timer_configuration();              //1ms 定时更新中断，定时器
    adc_configuration();                //紫外线 ADC1 CHANNEL 13 PB5
    uart_configuration();
    //9600波特率，8个数据位，1个停止位，无校验位，开收发模块
    oled_init();
    display_device_name();              //在OLED显示设备名，需要至少320 ms

}
```

6. 中断处理文件（Stm8l15x_it.c）

```
INTERRUPT_HANDLER(EXTI3_IRQHandler,11)
{
    if (RESET != EXTI_GetITStatus(EXTI_IT_Pin3))
    {
        /* 清除中断挂起位 */
        EXTI_ClearITPendingBit(EXTI_IT_Pin3);
        heart_rate_irq_handler();
    }
}
```

五、软硬件联调

根据已有的电路原理图和程序代码，在IAR软件中进行程序编辑、编译、生成下载，得到正确的效果，如图5.14所示。通过蓝牙通信，手机端显示心率数据，如图5.15所示。

图 5.14　任务一实验效果　　　　　　　图 5.15　APP 显示心率数据

任务拓展

根据任务一的实验，编程实现根据运动心率变化发出报警和警告，比如当心率超过120 BPM时，APP提示"请不要超负荷运动！"，开发板端让LED3、LED4灯闪烁。

任务二　设计开发运动计步器

在本任务中，主要介绍MPU6050传感器的原理和应用，给出了项目的开发原理和程序流程图。最后给出MPU6050传感器的单片机STM8L051F3程序。硬件开发平台与以上任务相同，最终实现软硬件联调。

任务描述

利用STM8L051F3和MPU6050传感器设计并制作运动计步器，并通过蓝牙设备在手机端和OLED显示屏上显示测得的计步数据。

一、陀螺仪的发展历程

陀螺仪又称角速度传感器。是一种用来感测与维持方向的装置，基于角动量不灭的理论设计出来的。陀螺仪一旦开始旋转，由于轮子的角动量，陀螺仪有抗拒方向改变的趋向。人们根据这个道理，用它来保持方向，再用多种方法读取轴所指示的方向，并自动将数据信号传给控制系统。目前，人们普遍认为，1850年法国物理学家莱昂·傅科为研究地球自转，发明了陀螺仪。那个时代的陀螺仪可以理解成把一个高速旋转的陀螺放到一个万向支架上面，因为陀螺的旋转轴在高速旋转时保持稳定，人们就可以通过陀螺的方向来辨认方向，确定姿态，计算角速度。万向支架可以保证无论怎么转动，陀螺都不会倒，万向支架最早可以追溯到中国几千年前的香炉，如图5.16所示。

最早的陀螺仪都是机械式的，里面具有高速旋转的陀螺，而机械对加工精度有很高的要求，还会受震动影响，因此以机械陀螺仪为基础的导航系统精度一直都不太高。于是，人们开始寻找更好的办法，利用物理学上的进步，发展出激光陀螺仪、光纤陀螺仪，以及微机电陀螺仪（MEMS）。这些东西虽然还叫陀螺仪，但是它们的原理和传统的机械陀螺仪已经完全是两码事了。光纤陀螺仪利用的是萨格纳克（Sagnac）效应，通过光传播特性，测量光程差，计算出旋转的角速度，起到陀螺仪的作用，替代陀螺仪的功能。光纤陀螺仪如图5.17所示。

图 5.16 万向支架

图 5.17 光纤陀螺仪

微机电陀螺仪则是利用物理学的科里奥利力，在内部产生微小的电容变化，然后测量电容，计算出角速度，替代陀螺仪。绝大部分智能手机中所用的陀螺仪，就是微机电陀螺仪（MEMS）。微机电陀螺仪的内部构造如图5.18所示。

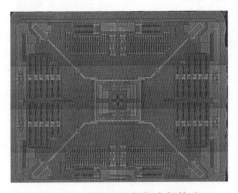

图 5.18 微机电陀螺仪内部构造

二、MPU6050 传感器的使用

MPU6050为全球首例整合性6轴运动处理组件，它集成了3轴MEMS陀螺仪，3轴MEMS加速度计，以及一个可扩展的数字运动处理器 DMP（Digital Motion Processor），可用I2C接口连接。MPU6050芯片如图5.19所示。

图 5.19　MPU6050 芯片

该传感器以数字输出6轴或9轴的旋转矩阵、四元数（quaternion）、欧拉角格式（Euler Angle forma）的融合演算数据，具有131 LSB/° /s 敏感度（即理论灵敏度）与全格感测范围为 ±250、±500、±1 000与±2 000° /s 的3轴角速度感测器（陀螺仪）。MPU6050数据采集电路如图5.20所示。

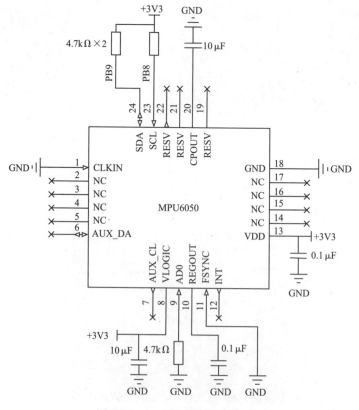

图 5.20　MPU6050 数据采集电路

MPU6050芯片的坐标系定义如下：令芯片表面朝向自己，将其表面文字转至正确角度，此时，以芯片内部中心为原点，水平向右的为X轴，竖直向上的为Y轴，指向自己的为Z轴，如图5.21所示。

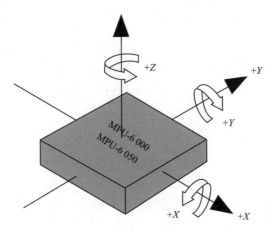

图 5.21　MPU6050 坐标系

MPU6050传感器读/写操作：MPU6050芯片内自带了一个数据处理子模块DMP，已经内置了滤波算法，在许多应用中使用DMP输出的数据已经能够很好地满足要求。MPU6050的数据写入和读出均通过其芯片内部的寄存器实现，这些寄存器的地址都是1字节，也就是8位寻址空间。在每次向器件写入数据前要先指定器件的总线地址，MPU6050的总线地址是0x68（AD0引脚为高电平时地址为0x69）。然后写入一个字节的寄存器起始地址，再写入任意长度的数据。这些数据将被连续地写入到指定的起始地址中，超过当前寄存器长度的将写入到后面地址的寄存器中。读出和写入一样，要先写一个字节的寄存器起始地址，接下来将指定地址的数据读到缓存中，并关闭传输模式。最后从缓存中读取数据。

MPU6050传感器数据采集：我们感兴趣的数据位于0x3B~0x48这14字节寄存器中。这些数据会被动态更新，更新频率最高可达1 000 Hz。下面列出相关寄存器的地址。数据的名称。注意，每个数据都是2字节。

```
0x3B，加速度计的X轴分量ACC_X
0x3D，加速度计的Y轴分量ACC_Y
0x3F，加速度计的Z轴分量ACC_Z
0x41，当前温度TEMP
0x43，绕X轴旋转的角速度GYR_X
0x45，绕Y轴旋转的角速度GYR_Y
0x47，绕Z轴旋转的角速度GYR_Z
```

三、步伐识别算法

用户在水平步行运动中，垂直和前进两个加速度会呈现周期性变化，如图5.22所示，在步行收脚的动作中，由于重心向上单只脚触地，垂直方向加速度是呈正向增加的趋势，之后继续向前，重心下移两脚触底，加速度相反。水平加速度在收脚时减小，在迈步时增加。

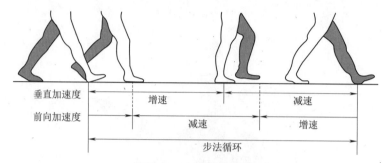

图 5.22　人体步行示意

反映到图5.23中，可以看到在步行运动中，垂直和前进产生的加速度与时间大致为一个正弦曲线，而且在某点有一个峰值，其中垂直方向的加速度变化最大，通过对轨迹的峰值进行检测计算和加速度阈值决策，即可实时计算用户运动的步数，还可依此进一步估算用户的步行距离。

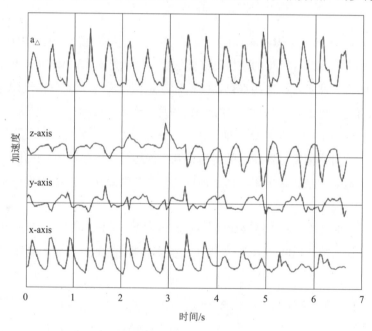

图 5.23　步行与加速度的产生

如图5.24所示，要合理计算步数，需要考虑如下3个方面：

①要综合计算3个方向的加速度的矢量长度变化，记录步行轨迹。

②峰值检测，通过矢量长度的变化，判断目前加速度的方向，并和上一次保存的加速度方向进行比较。如果是相反的，即刚过峰值状态，则进入计步逻辑进行计步，否则舍弃。通过对峰值的次数累加，可得到用户步行的步伐。

③去除干扰，判断峰值时通过设定阈值和步频去除干扰，使得计步更准确。

图 5.24　人体运动的三个分量

四、运动传感代码解析

MPU6050对陀螺仪和加速度计分别用了三个16位的ADC，将其测量的模拟量转化为可输出的数字量。为了精确跟踪快速和慢速的运动，传感器的测量范围都是用户可控的，陀螺仪可测范围为 ± 250、± 500、$\pm 1\,000$、$\pm 2\,000°$ /s（dps），加速度计可测范围为 ± 2、± 4、± 8、± 16 g。

单片机通过IIC接口将MPU内的X、Y、Z 3个轴的加速度数据读回来。然后再通过迭代整合运算将三个轴的加速度数据换算成运动步伐。

1. 加速度数据读取代码

```
void motionDeviceHandler(void)
{
    static uint8_t timeCnt = 255;        //周期采样计数变量，初始暂缓255 ms执行
    struct motionData_t acc_date;        //采样存储结构体
    if (0 == timeCnt) {                   //周期采样判断
        timeCnt = MOTION_READ_FREP;       //周期采样赋值50 ms
        acc_date.acc_x = GetData( & motionIIC, ACCEL_XOUT_H);   //IIC接口将x轴数值读出
        acc_date.acc_y = GetData( & motionIIC, ACCEL_YOUT_H);   //IIC接口将y轴数值读出
        acc_date.acc_z = GetData( & motionIIC, ACCEL_ZOUT_H);   //IIC接口将z轴数值读出
        acc_date.time = getSystemMsTime();
        motionRingQInsert( & acc_date, & motionQBuff);          //将采样的数据存入队列中
    } else {
        timeCnt --;
        //周期计数变量自减
    }
}
```

2. 缓冲队列数据读出代码

```
bool motionRingQCheckout(struct motionData_t * date, struct motionRingQ_t * queuePtr)
{
    if (0 == date || 0 == queuePtr) {
        return FALSE;
    }
    if (queuePtr->inIndex == queuePtr->outIndex) {
        return FALSE;
    }
    queuePtr->outIndex ++;
    queuePtr->outIndex %= queuePtr->qSize;
    * date = queuePtr->qbuff[queuePtr->outIndex];
    return TRUE;
}
```

motionRingQCheckout()函数是一个环形队列函数，入参有两个，分别是存储加速度原始数据的date和用于保存环形队列数据的结构体指针* queuePtr。函数返回为TRUE，则环形队列没满，已空则返回FALSE。环形队列通过对插出计数变量queuePtr->outIndex进行%运算来判断队列是否咬尾，如果咬尾则重置queuePtr->outIndex为零。

3. 计步数值存入缓冲区代码

```
uint8_t motion_getData(uint8_t * buff)
{
    buff[0] = (stepCount >> 24) & 0xFF;
    buff[1] = (stepCount >> 16) & 0xFF;
    buff[2] = (stepCount >> 8) & 0xFF;
    buff[3] = (stepCount >> 0) & 0xFF;
    return 4;
}
```

motion_getData()函数在main.c函数中调用，其中motion_getData()函数返回自己的数据长度，数组指针返回的则是要传输的步伐数据。

一、硬件准备

为了实验方便，选择图5.25所示的心率传感器模块，此模块可以根据连接原理图，通过杜邦线与开发板的相应引脚相连。

图 5.25　MPU6050 传感器模块

二、硬件平台

本实验所需硬件平台如下：

➤实验平台：STM8L051F3 自行设计开发板。

➤下载&仿真器：ST–LINK。

开发板、下载&仿真器和以上项目相同，硬件连接图示如图5.26所示。

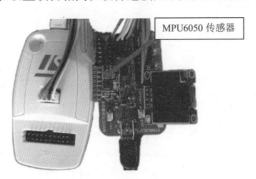

图 5.26　硬件连接图

三、软件设计

1．心率传感器电路原理图

心率传感器电路原理图如图5.27所示。

2．MPU6050传感器接口连接原理图

MPU6050传感器接口连接原理图如图5.28所示。

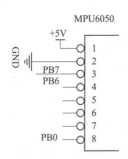

图 5.27　MPU6050 传感器电路原理图

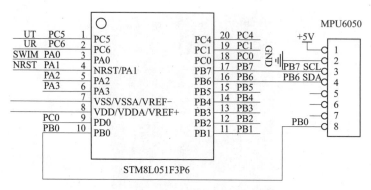

图 5.28　MPU6050 传感器接口连接原理图

从图5.28可以看到，电路STM8L051F3芯片通过PB7、PB6、PB0引脚与传感器连接，单片机通过IIC接口将MPU内的X、Y、Z 3个轴的加速度数据读回来。然后再通过迭代整合运算将三个轴的加速度数据换算成运动步伐。

3．程序流程图

根据以上分析，程序编写的具体流程如图5.29所示。

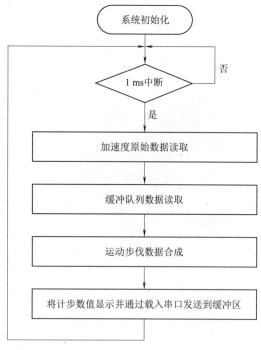

图 5.29　程序流程图

四、编写运动计步检测程序

工程的配置和建立过程见附录A，工程文件结构规划如图5.30所示。

　　Lib_stm8l文件夹下保存系统提供的库文件相关的两个文件夹INC和SRC，Project文件夹保存项目建立的相关文件，都是项目建立过程中系统自动生成的文件，User文件夹保存自己建立的文件，User文件夹的详细内容如图5.31所示。

　　board文件夹中保存底层硬件的初始化文件board.h和board.c文件；bsp文件夹保存软件实现IIC文件bsp_soft_iic.h和bsp_soft_iic.c文件；delay文件夹保存延时函数相关文件a_delay.h和a_delay.c文件；device文件夹保存相关传感器处理函数和显示处理函数。

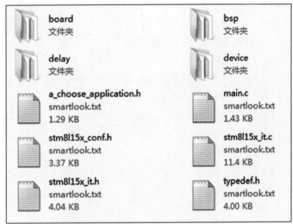

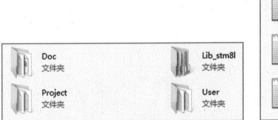

图 5.30　工程文件划分　　　　　　　　　　　图 5.31　User 文件夹内容

　　项目所需导入的函数库和分组规划如图5.32所示。

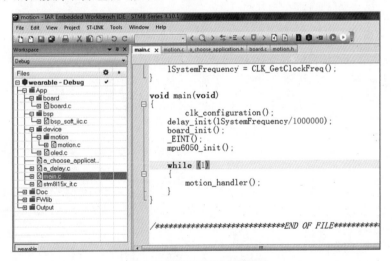

图 5.32　项目开发设置界面

　　首先在device分组中添加子分组motion，在motion分组下建立MPU6050传感器处理相关文件motion.h和motion.c文件，并给出Board.h和board.c的源码。其他文件的建立和设置与项目三相同。

1. MPU6050运动传感器采集处理程序头文件（motion.h）

```
#ifndef MOTION_H
```

```
#define MOTION_H

#define SOFT_IIC_GPIO_PORT          GPIOB
#define SOFT_IIC_SCL_PIN            GPIO_Pin_7
#define SOFT_IIC_SDA_PIN            GPIO_Pin_6
#define MOTION_INT_GPIO_PORT        GPIOB
#define MOTION_INT_GPIO_PIN         GPIO_Pin_4
#define MPU_SMPLRT_DIV   0x19       //Sample Rate Divider 陀螺仪采样率，典型值：0x07(125Hz)
#define MPU_CONFIG       0x1A       //低通滤波频率，典型值：0x06(5Hz)
#define MPU_GYRO_CONFIG   0x1B      //陀螺仪自检及测量范围，典型值：0x18(不自检，2 000 deg/s)
#define MPU_ACCEL_CONFIG 0x1C
//加速计自检、测量范围及高通滤波频率，典型值：0x01(不自检，2G，5Hz)
#define MPU_FIFO_EN_REG   0x23          //fifo使能寄存器
#define MPU_INTBP_CFG_REG 0x37          //INT Pin/Bypass Enable中断引脚/旁路设置寄存器
#define MPU_INT_EN_REG   0x38           //中断使能寄存器
#define MPU_INT_STATUS_REG      0x3A    //中断状态寄存器
#define MPU_ACCEL_XOUT_H      0x3B
#define MPU_ACCEL_XOUT_L      0x3C
#define MPU_ACCEL_YOUT_H      0x3D
#define MPU_ACCEL_YOUT_L      0x3E
#define MPU_ACCEL_ZOUT_H      0x3F
#define MPU_ACCEL_ZOUT_L      0x40
#define MPU_TEMP_OUT_H        0x41
#define MPU_TEMP_OUT_L        0x42
#define MPU_GYRO_XOUT_H       0x43
#define MPU_GYRO_XOUT_L       0x44
#define MPU_GYRO_YOUT_H       0x45
#define MPU_GYRO_YOUT_L       0x46
#define MPU_GYRO_ZOUT_H       0x47
#define MPU_GYRO_ZOUT_L       0x48
#define MPU_PWR_MGMT_1        0x6B      //电源管理，典型值：0x00(正常启用)
#define MPU_PWR_MGMT_2        0x6C
#define MPU_FIFO_CNTH_REG     0X72      //FIFO计数寄存器高8位 FIFO_COUNT_HIGN
#define MPU_FIFO_CNTL_REG     0X73      //FIFO计数寄存器低8位 FIFO_COUNT_LOW
#define MPU_FIFO_RW_REG       0X74      //FIFO
#define MPU_WHO_AM_I          0x75      //IIC地址寄存器(默认数值0x68，只读)
#define MPU_SLAVE_ADDR        0x68      //IIC地址，ADDR0上拉时为0x69
#define ACCEL_RANGE_2G        (0<<3)
#define ACCEL_RANGE_4G        (1<<3)
#define ACCEL_RANGE_8G        (2<<3)
#define ACCEL_RANGE_16G       (3<<3)

#define GYRO_250_RANGE        (0<<3)
```

```
#define GYRO_500_RANGE        (1<<3)
#define GYRO_1000_RANGE       (2<<3)
#define GYRO_2000_RANGE       (3<<3)
#define MPU_USER_CTRL_REG     0x6A        //用户控制寄存器
enum lpf_e {
    INV_FILTER_256HZ_NOLPF2 = 0,
    INV_FILTER_188HZ,
    INV_FILTER_98HZ,
    INV_FILTER_42HZ,
    INV_FILTER_20HZ,
    INV_FILTER_10HZ,
    INV_FILTER_5HZ,
    INV_FILTER_2100HZ_NOLPF,
    NUM_FILTER
};

typedef struct motion_gyroscope_t
{
    s16 x_axis;
    s16 y_axis;
    s16 z_axis;
    u32 time;
}GYRO_T;

typedef struct motion_accelerometer_t
{
    s16 x_axis;
    s16 y_axis;
    s16 z_axis;
}ACCEL_T;

u8 burst_read_from_mpu6050(u8 addr, u8 reg_addr, u8 len, u8 *buf);
u8 burst_write_to_mpu6050(u8 addr, u8 reg_addr, u8 len, u8 *buf);
u8 mpu6050_init(void);
void set_motion_int_triggered_flag(u8 status);
u8 get_motion_int_triggered_flag(void);
void motion_handler(void);
void get_step_value_and_valid_len(u8 *buf, u8 *len);

#endif
```

2. MPU6050运动传感器采集处理程序（motion.c）

```
#include "stm8l15x.h"
#include "typedef.h"
```

```c
#include <string.h>
#include "board.h"
#include "a_delay.h"
#include "bsp_soft_iic.h"
#include "oled.h"
#include "motion.h"


/**********************************************
要提高精度可加载官方DMP Driver，本例程由于8KB Flash限制，并没有使用DMP。考虑到实际使用
中，学生无法佩戴传感器走路测试，即很可能只能做抖动测试来模拟走路，故在传感器代码中做了部分简化
**********************************************/
#define MIN_VALID_WALKING_TIME_PER_STEP   10
//最小有效单步时间200 ms，在当前50 Hz采样率下，需要10个数据
#define MAX_VALID_WALKING_TIME_PER_STEP   150
//最大有效单步时间3 000 ms，在当前50 Hz采样率下，需要150个数据
#define MIN_CONTINUOUS_WALKING_STEP    5         //最小持续行走步数，即多少步后开始判定计步
#define MIN_AD_D_VALUE_IN_16_RANGE    205
//在16g量程即2048 lbs/g的情况下的最小AD差值，实际0.1g
#define INVALID_TIMES   (5+1)   //无效数据次数+1次校准的
static struct iic_port_t s_tMotionIic =
{
    .scl.gpio = SOFT_IIC_GPIO_PORT,
    .scl.pin  = SOFT_IIC_SCL_PIN,
    .sda.gpio = SOFT_IIC_GPIO_PORT,
    .sda.pin  = SOFT_IIC_SDA_PIN
};

static u8 cMotionIntTriggered = FALSE;       //中断被触发标志
static u8 cInvalidTime = INVALID_TIMES;      //无效的数据次数

static u16 iXDuration = 0;                   //X轴上大于最小差值的连续采样次数
static u16 iYDuration = 0;                   //Y轴上大于最小差值的连续采样次数
static u16 iZDuration = 0;                   //Z轴上大于最小差值的连续采样次数
static u8 cXPositive = FALSE;                //X轴加速度方向为正的标志位
static u8 cYPositive = FALSE;                //Y轴加速度方向为正的标志位
static u8 cZPositive = FALSE;                //Z轴加速度方向为正的标志位
// x_ad, y_ad, z_ad, accel, counter为调试时使用live watch而使用静态变量，实际可使用
局部变量
static s16 x_ad[8];                          //保存16位x轴的AD值数组
static s16 y_ad[8];                          //保存16位y轴的AD值数组
static s16 z_ad[8];                          //保存16位z轴的AD值数组
static u8 accel[50];                         //用于保持I2C读取的加速度寄存器值
static u8 counter[2];

static u32 lWalkingStep = 0;                 //有效步数
```

```c
static ACCEL_T s_tCalibratedValue;          //静止状态时的加速度值

static u8 write_one_byte_to_mpu6050(u8 addr, u8 reg_addr, u8 data)
{
    soft_iic_io_init(&s_tMotionIic);        //初始化设置SCL和SDA为开漏输出模式，并输出高阻抗
    soft_iic_start(&s_tMotionIic);          //启动IIC通信
    addr <<= 1;
    if(iic_deliver(&s_tMotionIic, addr) == FALSE)        //发送从机地址
    {
        return FALSE;
    }
    if(iic_deliver(&s_tMotionIic, reg_addr) == FALSE)    //发送寄存器地址
    {
        return FALSE;
    }
    if(iic_deliver(&s_tMotionIic, data) == FALSE)        //发送数据
    {
        return FALSE;
    }
    soft_iic_stop(&s_tMotionIic);
    return TRUE;
}

u8 burst_write_to_mpu6050(u8 addr, u8 reg_addr, u8 len, u8 *buf)
{
    soft_iic_io_init(&s_tMotionIic);        //初始化设置SCL和SDA为开漏输出模式，并输出高阻抗
    soft_iic_start(&s_tMotionIic);          //启动IIC通信
    addr <<= 1;

    if(iic_deliver(&s_tMotionIic, addr) == FALSE)        //发送从机地址
    {
        return FALSE;
    }
    if(iic_deliver(&s_tMotionIic, reg_addr) == FALSE)    //发送寄存器地址
    {
        return FALSE;
    }
    while(0 != len)
    {
        if(iic_deliver(&s_tMotionIic, *buf++) == FALSE)  //发送一字节数据
        {
            soft_iic_stop(&s_tMotionIic);
        return FALSE;
        }
```

```
        len--;
    }
    soft_iic_stop(&s_tMotionIic);
    return TRUE;
}


u8 read_one_byte_from_of_mpu6050(u8 addr, u8 reg_addr, u8 *data)
{
    soft_iic_io_init(&s_tMotionIic);        //初始化设置SCL和SDA为开漏输出模式，并输出高阻抗
    soft_iic_start(&s_tMotionIic);          //启动IIC通信
    addr <<= 1;
    if(iic_deliver(&s_tMotionIic, addr) == FALSE)        //发送从机地址
    {
        return FALSE;
    }

    if(iic_deliver(&s_tMotionIic, reg_addr) == FALSE)    //发送寄存器地址
    {
        return FALSE;
    }

    soft_iic_start(&s_tMotionIic);                       //重发开始命令
    addr |= BIT0;

    if(iic_deliver(&s_tMotionIic, addr) == FALSE)        //发送地址和读命令
    {
        return FALSE;
    }
    *data = iic_collect(&s_tMotionIic);
    no_acknowledge(&s_tMotionIic); //已读完所有数据,CPU发"高电平非应答确认"信号
    soft_iic_stop(&s_tMotionIic);
    return TRUE;
}


u8 burst_read_from_mpu6050(u8 addr, u8 reg_addr, u8 len, u8 *buf)
{
    soft_iic_io_init(&s_tMotionIic);        //初始化设置SCL和SDA为开漏输出模式，并输出高阻抗
    soft_iic_start(&s_tMotionIic);          //启动IIC通信
    addr <<= 1;
    if(len == 0)
    {
        return FALSE;
```

```
    }
    if(iic_deliver(&s_tMotionIic, addr) == FALSE)        //发送从机地址
    {
        return FALSE;
    }

    if(iic_deliver(&s_tMotionIic, reg_addr) == FALSE)    //发送寄存器地址
    {
        return FALSE;
    }

    soft_iic_start(&s_tMotionIic);                       //重发开始命令
    addr |= BIT0;

    if(iic_deliver(&s_tMotionIic, addr) == FALSE)        //发送地址和读命令
    {
        return FALSE;
    }

    while(1)
    {
        *buf++ = iic_collect(&s_tMotionIic);             //接收一字节
        len--;

        if(0 == len)
        {
            break;
        }

        yes_acknowledge(&s_tMotionIic); //未读完，CPU发低电平确认应答信号，以便读取下8位数据
    }
    no_acknowledge(&s_tMotionIic);    //已读完所有的数据，CPU发"高电平非应答确认"信号
    soft_iic_stop(&s_tMotionIic);
    return TRUE;
}
static u8 mpu_set_lpf(u8 lpf)           //设置低通滤波
{
    u8 data = 0;
    if (lpf >= 188)
        data = INV_FILTER_188HZ;
    else if (lpf >= 98)
        data = INV_FILTER_98HZ;
    else if (lpf >= 42)
```

```
            data = INV_FILTER_42HZ;
        else if (lpf >= 20)
            data = INV_FILTER_20HZ;
        else if (lpf >= 10)
            data = INV_FILTER_10HZ;
        else
            data = INV_FILTER_5HZ;
        if (write_one_byte_to_mpu6050(MPU_SLAVE_ADDR, MPU_CONFIG, data) == FALSE)
        {
            return FALSE;
        }
    return TRUE;
}


static u8 mpu_set_sample_rate(u16 rate)
{
    u8 smplart_div;
    //  assume Gyroscope Output Rat = 1KHz That is 1000
    if (rate > 1000)
    {
        rate = 1000;
    }
    if(rate < 4)
    {
        rate = 4;
    }
    smplart_div = 1000/rate-1; // Sample Rate = Gyroscope Output Rate / (1 + SMPLRT_DIV)
    write_one_byte_to_mpu6050(MPU_SLAVE_ADDR, MPU_SMPLRT_DIV, smplart_div);
    return mpu_set_lpf(rate/2);              //自动设置低通滤波为采样率的一半（采样定理）
}


static void moiton_int_io_init(void)          //使用PB4 外部中断，下降沿中断
{
GPIO_Init(MOTION_INT_GPIO_PORT, MOTION_INT_GPIO_PIN, GPIO_Mode_In_FL_IT);
 //输入引脚，中断浮空输入
 EXTI_SetPinSensitivity(EXTI_Pin_4, EXTI_Trigger_Falling);//使能引脚中断，下降沿中断
}


static s16 turn_u8_into_s16(u8 high, u8 low)
{
    s16 data;
    data = high;
    data <<= 8;
    data += low;
```

```
        return data;
}
static u16 motion_cal_absolute_value(s16 a, s16 b)
//计算两数相减的绝对值
{
    return ((a>b)? (a - b):(b - a));
}
static bool convert_num_to_str(u32 num, u8 *str)
{
    u8 len = 0;
    s32 mark = 1000000000;
    if(NULL == str)
    {
        return FALSE;
    }
    if (0 == num)
    {
        str[0] = '0';
        str[1] = '\0';
        return TRUE;
    }
    while ((num / mark) == 0)
    {
        mark /= 10;
    }
    while (mark > 0)
    {
        str[len ++] = (num / mark) + 0x30;
        num %= mark;
        mark /= 10;
    };
    str[len ++] = '\0';
    return TRUE;
}
static void show_value_in_oled(u32 value, u8 x)
{
    char content[17]="S:";
    convert_num_to_str(value, (u8*)&content[strlen(content)]);
    oled_show_string(x, 4, (u8*)content);
}

static void judge_whether_step_inc(u16 x, u16 y, u16 z)
{
```

```
    if(((x >=MIN_VALID_WALKING_TIME_PER_STEP)&&(y >=MIN_VALID_WALKING_TIME_PER_
    STEP))||((x >= MIN_VALID_WALKING_TIME_PER_STEP) && z >=MIN_VALID_WALKING_
    TIME_PER_STEP))||((y >= MIN_VALID_WALKING_TIME_PER_STEP) && (z >= MIN_VALID_
    WALKING_TIME_PER_STEP)))
    {
        if ((x <= MAX_VALID_WALKING_TIME_PER_STEP) && (y <= MAX_VALID_WALKING_
            TIME_PER_STEP) && (z <= MAX_VALID_WALKING_TIME_PER_STEP) )
        {
            lWalkingStep++;
        }
    }
}


void set_motion_int_triggered_flag(u8 status)
{
    cMotionIntTriggered = status;
}
u8 get_motion_int_triggered_flag(void)
{
    return cMotionIntTriggered;
}
void get_step_value_and_valid_len(u8 *buf, u8 *len)
{
    buf[0] = (lWalkingStep >> 24) & 0xFF;
    buf[1] = (lWalkingStep >> 16) & 0xFF;
    buf[2] = (lWalkingStep >> 8) & 0xFF;
    buf[3] = (lWalkingStep >> 0) & 0xFF;
    *len 1 = 4;
}


u8 mpu6050_init(void)              //初始化MPU6050加速度传感器，使用FIFO 外部中断 50HZ
{
    u8 data;

    write_one_byte_to_mpu6050(MPU_SLAVE_ADDR, MPU_PWR_MGMT_1, 0x80);
    //复位MPU6050
    delay_ms(103);          //需要延迟最大103 ms，等待电源稳定，初始化OLED延迟已经足够
    write_one_byte_to_mpu6050(MPU_SLAVE_ADDR, MPU_PWR_MGMT_1, 0x00);
    //正常模式（非sleep mode）使用温度传感器，使用8M内部晶振
    write_one_byte_to_mpu6050(MPU_SLAVE_ADDR, MPU_GYRO_CONFIG, GYRO_2000_RANGE);
    //陀螺仪不自检，set测量范围± 2000 °/s   0x18 = 3<<3
    write_one_byte_to_mpu6050(MPU_SLAVE_ADDR, MPU_ACCEL_CONFIG, ACCEL_RANGE_16G);
    //加速计不自检、set测量范围± 16g: 0<<3; 2048lsb/g
```

```
    mpu_set_sample_rate(50);                        //设置采样率50 Hz
    write_one_byte_to_mpu6050(MPU_SLAVE_ADDR,MPU_FIFO_EN_REG,BIT3);  //打开加速度fifo
    write_one_byte_to_mpu6050(MPU_SLAVE_ADDR,MPU_USER_CTRL_REG,BIT6 | BIT2);
    //FIFO允许读写，RESET FIFO 且I2C的主模式关闭，AUX_DA 和 AUX_CL由SCL和SDA驱动

    write_one_byte_to_mpu6050(MPU_SLAVE_ADDR,MPU_INT_EN_REG,BIT4 | BIT0);
    //开启fifo count溢出中断、data ready 中断
    write_one_byte_to_mpu6050(MPU_SLAVE_ADDR,MPU_INTBP_CFG_REG,0x80);
    //INT引脚，低电平有效
    //write_one_byte_to_mpu6050(MPU_SLAVE_ADDR,MPU_USER_CTRL_REG,BIT6 | BIT2);
    //FIFO允许读写，RESET FIFO 且I2C的主模式关闭，AUX_DA 和 AUX_CL由SCL和SDA驱动
    moiton_int_io_init();       //使用PB4 外部中断，下降沿中断

    read_one_byte_from_of_mpu6050(MPU_SLAVE_ADDR, MPU_WHO_AM_I, &data);

    if (data != MPU_SLAVE_ADDR)
    {
        return FALSE;
    }
    write_one_byte_to_mpu6050(MPU_SLAVE_ADDR, MPU_PWR_MGMT_1, 0x01);
    //设置CLKSEL, PLL with X axis gyroscope reference, 比内部8M稳定
    write_one_byte_to_mpu6050(MPU_SLAVE_ADDR, MPU_PWR_MGMT_2, 0x00);
    //加速度仪与陀螺仪都工作
    mpu_set_sample_rate(50);               //设置采样率50Hz
    return TRUE;
}


void motion_handler(void)
{
    u8 len;
    u8 i, order;
    u8 int_status;

    if (get_motion_int_triggered_flag() != FALSE)
    {
        set_motion_int_triggered_flag(FALSE);
    }

    read_one_byte_from_of_mpu6050(MPU_SLAVE_ADDR, MPU_INT_STATUS_REG, &int_status);
    //读中断寄存器，同时读后，会清除相应中断标志
    if (int_status & BIT0)
    read_one_byte_from_of_mpu6050(MPU_SLAVE_ADDR, MPU_FIFO_CNTH_REG, &counter[0]);
    //读FIFO计数寄存器高8位，当前应用高8位无用，读寄存器只是为了整体更新
```

```
            read_one_byte_from_of_mpu6050(MPU_SLAVE_ADDR, MPU_FIFO_CNTL_REG, &counter[1]);
            //读FIFO计数寄存器低8位
            len = counter[1];

    if (cInvalidTime != 0)  //  刚启动时的数据有误差，只读出，不做操作，即选择丢弃
    {
        cInvalidTime--;
        burst_read_from_mpu6050(MPU_SLAVE_ADDR, MPU_FIFO_RW_REG, len, accel);

        if(cInvalidTime == 0)    //  用于校准静止状态下的加速度值(因为不懂模块的方向)
        {
            s_tCalibratedValue.x_axis = turn_u8_into_s16(accel[0], accel[1]);
            s_tCalibratedValue.y_axis = turn_u8_into_s16(accel[2], accel[3]);
            s_tCalibratedValue.z_axis = turn_u8_into_s16(accel[4], accel[5]);
            show_value_in_oled(0, 2);
        }
    }
    else
    {
        burst_read_from_mpu6050(MPU_SLAVE_ADDR, MPU_FIFO_RW_REG, len, accel);

        for(i = 0, order = 0; i < len; order++)
        {
            x_ad[order] = turn_u8_into_s16(accel[i],accel[i+1]);
            y_ad[order] = turn_u8_into_s16(accel[i+2],accel[i+3]);
            z_ad[order] = turn_u8_into_s16(accel[i+4],accel[i+5]);
            i += 6;
            //  判断方向，只要转变摆手方向，就判定是否到达判定计步++，同时清计步时间
            if(x_ad[order] >= s_tCalibratedValue.x_axis)
            {
                if (cXPositive == FALSE)          //  转变方向
                {
                    cXPositive = TRUE;
                    judge_whether_step_inc(iXDuration, iYDuration, iZDuration);
                    iXDuration = 0;
                    iYDuration = 0;
                    iZDuration = 0;
                }
            }
            else
            {
            if (cXPositive == TRUE)                        //转变方向
```

```
        {
            cXPositive = FALSE;
            judge_whether_step_inc(iXDuration, iYDuration, iZDuration);
            iXDuration = 0;
            iYDuration = 0;
            iZDuration = 0;
        }
    }
    if(y_ad[order] >= s_tCalibratedValue.y_axis)
    {
        if (cYPositive == FALSE)        //转变方向
        {
            cYPositive = TRUE;
            judge_whether_step_inc(iXDuration, iYDuration, iZDuration);
            iXDuration = 0;
            iYDuration = 0;
            iZDuration = 0;


        }
    }
    else
    {
        if (cYPositive == TRUE)        //转变方向
        {
            cYPositive = FALSE;
            judge_whether_step_inc(iXDuration, iYDuration, iZDuration);
            iXDuration = 0;
            iYDuration = 0;
            iZDuration = 0;
        }
    }
    if(z_ad[order] >= s_tCalibratedValue.z_axis)
    {
        if (cZPositive == FALSE)        //转变方向
        {
            cZPositive = TRUE;

            judge_whether_step_inc(iXDuration, iYDuration, iZDuration);
            iXDuration = 0;
            iYDuration = 0;
            iZDuration = 0;


        }
    }
```

```c
        else
        {
            if (cZPositive == TRUE)          //转变方向
            {
                cZPositive = FALSE;

                judge_whether_step_inc(iXDuration, iYDuration, iZDuration);
                iXDuration = 0;
                iYDuration = 0;
                iZDuration = 0;
            }
        }
        if (motion_cal_absolute_value(x_ad[order],
            s_tCalibratedValue.x_axis) >= MIN_AD_D_VALUE_IN_16_RANGE)
        {
            iXDuration++;
        }
        else      //小于最小值，判定是无效抖动
        {
            iXDuration = 0;
        }
        if (motion_cal_absolute_value(y_ad[order],
            s_tCalibratedValue.y_axis) >= MIN_AD_D_VALUE_IN_16_RANGE)
        {
            iYDuration++;
        }
        else      //小于最小值，判定是无效抖动
        {
            iYDuration = 0;
        }
        if (motion_cal_absolute_value(z_ad[order],
            s_tCalibratedValue.z_axis) >= MIN_AD_D_VALUE_IN_16_RANGE)
        {
            iZDuration++;
        }
        else      //小于最小值，判定是无效抖动
        {
            iZDuration = 0;
        }
    }
    show_value_in_oled(lWalkingStep,2);
    }
  }
}
```

3. 板级初始化设置程序头文件（board.h）

```
#ifndef BOARD_H
#define BOARD_H
void board_init(void);
bool convert_num_to_string(s16 num, u8 *str);
void system_time_self_increasing(void);
u32 get_system_time(void);
void set_timer_update_flag(u8 value);
u8 get_timer_update_flag(void);
u32 cal_absolute_value(u32 a, u32 b);                //计算两数相减的绝对值
u8 get_tick_count(u32 *count);

#endif
```

4. 板级初始化设置程序文件（board.c）

```
/*******************************
 * File    board.c
 * Description:
 * Change Logs:
 * Date    2020-03-28
 *******************************/
#include "stm8l15x.h"
#include "typedef.h"
#include "board.h"
#include "oled.h"

#define LED1_ON    (GPIO_SetBits(GPIOB, GPIO_Pin_4))
#define LED1_OFF (GPIO_ResetBits(GPIOB, GPIO_Pin_4))

static vu32 lSystemTimeCountInMs = 0;        //最大49.7天会溢出
static vu8 cTimerHasBeenUpdated = FALSE;

static void timer_configuration(void)          //1ms 定时更新中断, 定时器
{
    CLK_PeripheralClockConfig(CLK_Peripheral_TIM2, ENABLE);    //使能TIM2时钟
    TIM2_TimeBaseInit(TIM2_Prescaler_1, TIM2_CounterMode_Down, 16000);
    //时钟不分频(16M), 向下计数模式, 自动重装载寄存器ARR=16000, 即1ms溢出
    TIM2_ITConfig(TIM2_IT_Update, ENABLE);          //开定时更新中断
    TIM2_Cmd(ENABLE);
}

static void gpio_configuration(void)
```

```
{
    GPIO_Init(GPIOB, GPIO_Pin_4, GPIO_Mode_Out_PP_Low_Fast);
}
static void display_device_name(void)
{
    oled_show_string(0, 0, "  <Pedometer>    ");
    oled_show_string(0, 4, "  S:0" );
}
// input:  num
// output: *str
bool convert_num_to_string(s16 num, u8 *str)
{
    u8 len = 0;
    s32 mark = 1000000000;

    if(NULL == str)
    {
        return FALSE;
    }

    if (0 == num)
    {
        str[0] = '0';
        str[1] = '\0';
        return TRUE;
    }
    else if (num < 0)
    {
        num = -num;
        str[len ++] = '-';
    }

    while ((num / mark) == 0)
    {
        mark /= 10;
    }

    while (mark > 0)
    {
        str[len ++] = (num / mark) + 0x30;
        num %= mark;
        mark /= 10;
    };
```

```c
        str[len ++] = '\0';

        return TRUE;
}
void system_time_self_increasing(void)
{
        lSystemTimeCountInMs++;
        if(lSystemTimeCountInMs%500==0)
        {
            LED1_OFF;
        }else if(lSystemTimeCountInMs%250==0)
        {
            LED1_ON;
        }
}
u32 get_system_time(void)
{
        return lSystemTimeCountInMs;
}
u8 get_tick_count(u32 *count)
{
        count[0] = lSystemTimeCountInMs;
        return 0;
}

void set_timer_update_flag(u8 value)
{
        cTimerHasBeenUpdated = value;
}

u8 get_timer_update_flag(void)
{
        return 'cTimerHasBeenUpdated;
}

u32 cal_absolute_value(u32 a, u32 b)        //计算两数相减的绝对值
{
        return ((a>b)? (a - b):(b - a));
}


void board_init(void)
{
```

```
    timer_configuration();                      //1ms 定时更新中断，定时器
    gpio_configuration();


    oled_init();
    display_device_name();                       //在OLED显示设备名，需要至少320 ms


}
```

5. 主程序文件（main.c）

在主函数中，根据运动传感器采样计步数据，主函数如下：

```
/*********************************
名称: main()
功能: 计步
入口参数: 无
出口参数: 无
*********************************/
/* --------------Includes ---------------*/
#include "stm8l15x.h"
#include "typedef.h"
#include "a_delay.h"
#include "board.h"
#include "motion.h"

static u32 lSystemFrequency = 0;

static void clk_configuration(void)            //16MHz HSI
{
    CLK_DeInit();                              //恢复CLK 相应寄存器到默认值(可有可无)
    CLK_HSEConfig(CLK_HSE_OFF);                //关外部晶振
    CLK_HSICmd(ENABLE);                        //使能HSI 16MHz(reset后默认)
    CLK_SYSCLKDivConfig(CLK_SYSCLKDiv_1);      //不分频
    while (CLK_GetFlagStatus(CLK_FLAG_HSIRDY) == RESET);
        //等待HSI 时钟稳定可使用
        CLK_SYSCLKSourceConfig(CLK_SYSCLKSource_HSI);
//使用HSI 为主时钟源(RESET后默认)
    lSystemFrequency = CLK_GetClockFreq();
}

void main(void)
{
    clk_configuration();              //16 MHz HSI
    delay_init(lSystemFrequency/1000000);
    board_init();                     //必要的初始化，其中在OLED显示设备名，需要至少320 ms
```

```
    _EINT();                //开全局中断
    mpu6050_init();


    while (1)
    {
        motion_handler();
    }
}
```

五、软硬件联调

根据已有的电路原理图和程序代码，在IAR软件中进行程序编辑、编译、生成下载，得到正确的效果，如图5.33所示。

图 5.33　任务一实验效果

任务拓展

1. 根据任务二的实验，参考项目四的内容，修改APP程序和任务一程序，编程实现通过蓝牙通信，APP正确接收和显示计步数据，当步数超过5 000时，手机端提示"加油"字样，当步数超过10 000时，手机端提示"你真棒！可以休息了！"字样。硬件端让LED3和LED4灯闪烁。

2. 综合任务一和任务二实验，改写上位机和下位机程序，让程序同时具备计步和心率检测功能。根据心率有效控制运动量。检测步数达到4 000时的心率值和步数达到10 000时的心率值（为实验的方便阈值可以修改）。APP端和OLED都能正确显示。

思考与问答

1. 简述心率传感器的特性。
2. 简述 MPU6050 传感器的检测原理。
3. 画出心率传感器检测数据算法的流程图。
4. 画出 MPU6050 传感器检测数据算法的流程图。

附录 A
IAR 的安装及配置

附录 A 主要介绍 IAR For STM8（EWSTM8）开发环境的搭建。开发环境的搭建步骤如下：

➤软件下载。

➤软件安装与注册。

➤软件使用与配置。

➤STM8L051F3工程创建。

一、软件下载

IAR For STM8（EWSTM8）的软件包可以根据下面的教程到IAR 的官网中下载（推荐）。下面介绍 IAR For STM8（EWSTM8）开发环境的下载：

① 输入 IAR 官网的网址 https://www.iar.com/。

② 在官网的界面中单击 Find your tool按钮，如图A.1所示。

③ 在打开的界面中单击Free trials按钮，如图A.2所示。

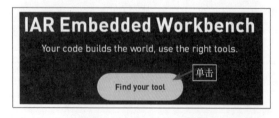

图 A.1　Find your tool 界面

图 A.2　Free trials 界面

下拉找到 IAR Embedded Workbench for STM8并单击展开，然后单击 Download Software 开始下载软件，如图A.3所示。

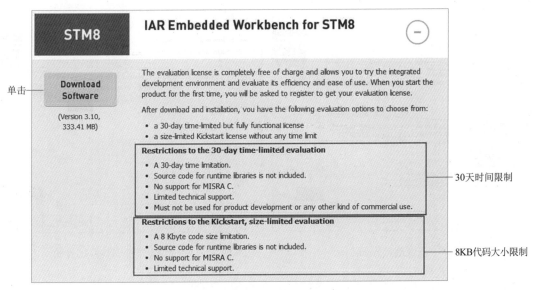

图 A.3　下载界面

二、软件安装

① 下载完成后双击 EWATM8–3102–Autorun.exe 开始安装，如图A.4所示。

② 在 IAR Embedded Workbench 中选择 Install IAR Embedded Workbench for STMicroelectronics STM8，单击开始安装，进入图A.5所示界面。

图 A.4　安装界面

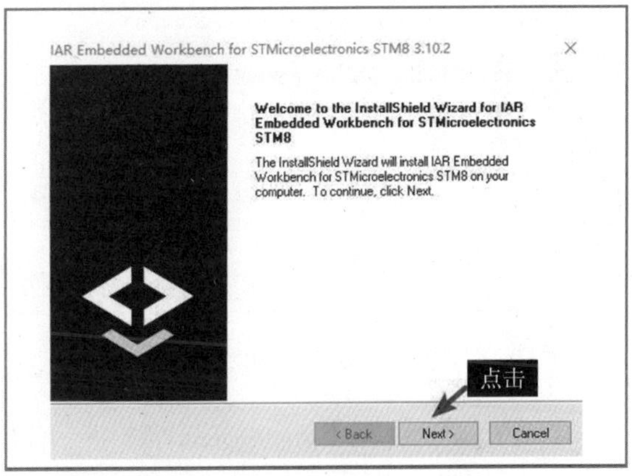

图 A.5　安装界面

③ 在图A.5 安装界面中单击next按钮，进入图A.6所示选择界面。

④ 选择 I accept the terms of the license agreement单选按钮，单击 Next按钮，进入图A.7所示界面。

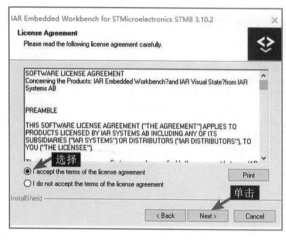

图 A.6　安装选择界面

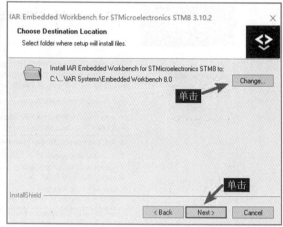

图 A.7　选择安装路径界面

⑤ 选择安装路径，这里使用默认安装路径，单击 Next 按钮，选择想要安装的功能，这里默认全选，单击 Next 按钮进入图A.8所示界面。

⑥ 在Select Program Folder界面中，默认即可，单击 Next 按钮，进入图A.9所示界面。

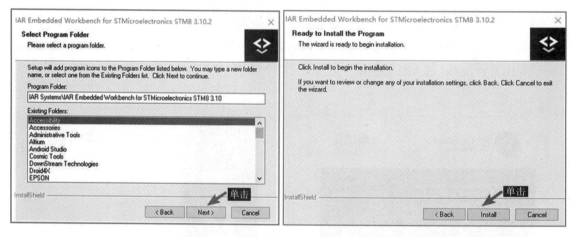

图 A.8　选择安装功能界面　　　　　　图 A.9　Ready to Install the Program 界面

⑦ 在Ready to Install the Program界面中，单击 Install 按钮。安装设置完成，开始安装。

⑧ 软件开始安装，接近完成时会弹出一个警告窗口：IAR 系统将在你的系统安装 dongle driver，单击是（Y）按钮，如图A.10所示。

⑨ 安装完 dongle driver 后开始安装 ST–LINK and STice Support Package，如图A.11所示

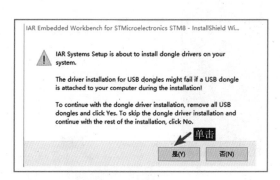

图 A.10　警告窗口

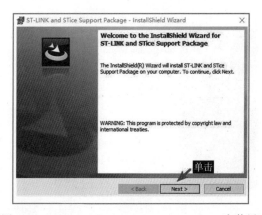

图 A.11　ST-LINK and STice Support Package 安装界面

⑩ 在图A.11所示安装界面中单击 Next按钮继续安装。

⑪ 等待安装完成，弹出 Install Shield Wizard Completed 界面，单击 Finish按钮，如图A.12所示。

⑫ 进入设备驱动的安装指导窗口，单击"下一步"按钮，如图A.13所示。

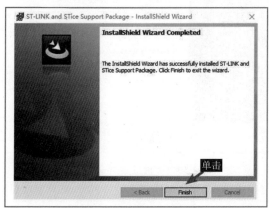

图 A.12　安装完成界面

图 A.13　设备驱动的安装

⑬ 单击"完成"按钮，安装完成一个驱动，如图A.14所示。

⑭ 下一个设备驱动安装指导窗口，单击"下一步"按钮，如图A.15所示。

⑮ 等待驱动安装完成，单击"完成"按钮，如图A.16所示。

⑯ 最后安装全部完成，进入图A.17所示界面，在Install Shield Wizard Complete界面中，取消View the release notes复选框并选择 Launch IAR Embedded Workbench复选框，单击 Finish按钮，完成安装并运行。

⑰ 安装完成后在 IAR Embedded Workbench 界面中单击 Exit按钮退出安装，如图A.18所示。

⑱ 运行IAR Embedded Workbench IDE开发环境，选择 Help→License Manager命令，如图A.19所示。

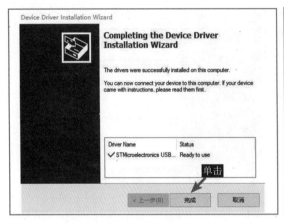

图 A.14　一个驱动安装完成

图 A–15　安装驱动界面

图 A.16　驱动安装完成

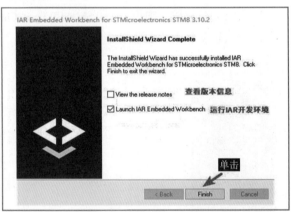

图 A.17　完成安装并运行

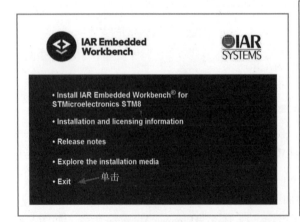

图 A.18　退出安装界面

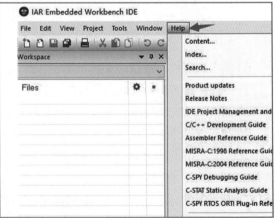

图 A.19　选择 License Manager 命令

⑲ 可以看到 IAR 开发环境是没有注册的，如图A.20所示。

⑳ 在图20界面中，选择 License→Get Evaluation License命令，如图A.21所示。

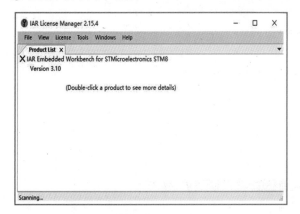

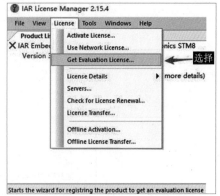

图 A.20　未注册显示界面　　　　　　图 A.21　选择 Get Evaluation License 命令

㉑ 在打开的 License Wizard 界面中单击 Register 按钮进行注册，如图A.22所示。

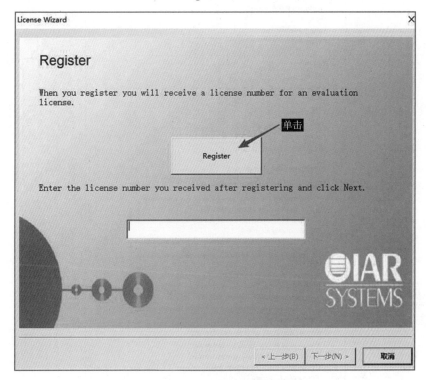

图 A.22　注册选择界面

㉒ 单击Register之后会打开一个Register for Evaluation的网页，如图A.23所示，可根据情况填写注册信息（这里选择8KB代码限制的注册码），这里要注意的是 E-mail 要填一个常用的电子邮箱，用于接收IAR发来的注册码，最后单击 Submit Registration按钮。

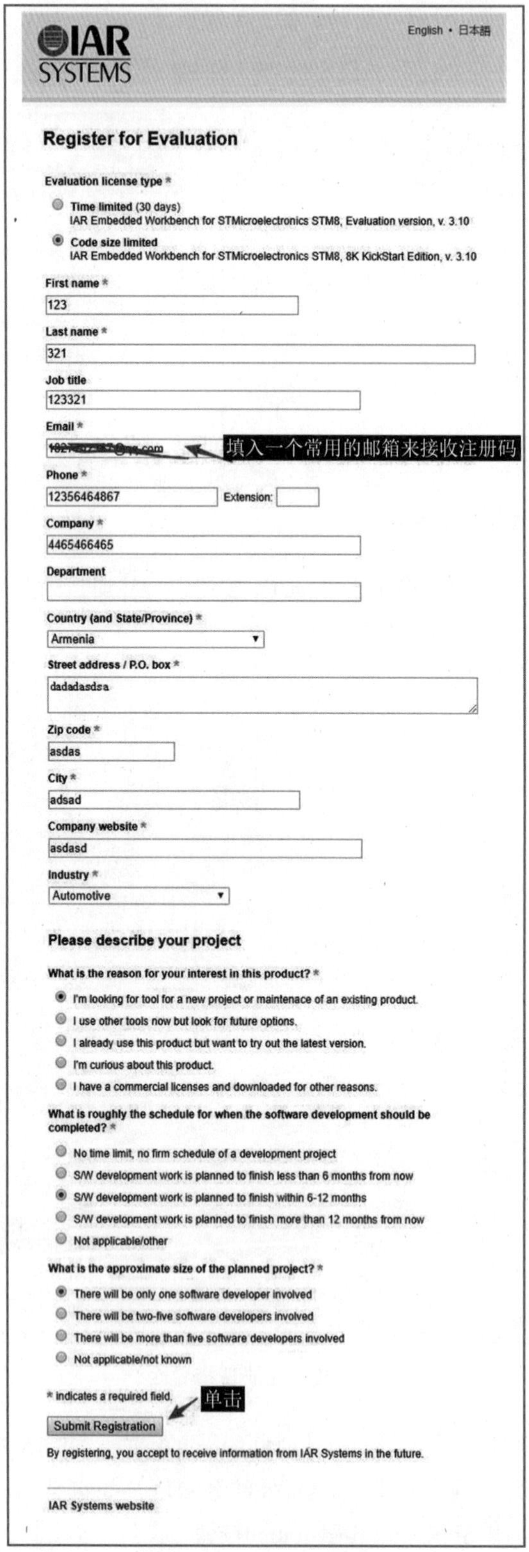

图 A.23　注册界面

㉓ 单击 Submit Registration 按钮后会弹出一个网页，提示已经发送一个 E-mail 给用户，如图A.24所示。

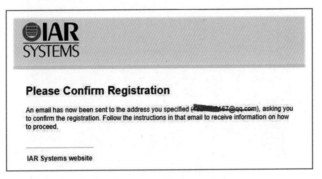

图 A.24　发送邮件提示

㉔ 打开收到的邮件，单击链接，如图A.25所示。

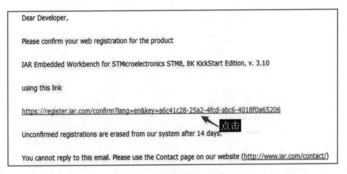

图 A.25　邮箱连接显示

㉕ 单击链接后会打开一个 Registration Complete 网页，复制其中的注册码，如图A.26所示。

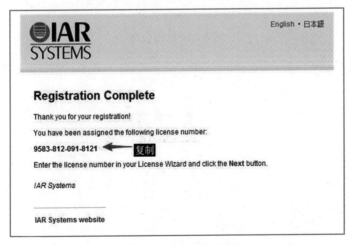

图 A.26　产生的注册码

㉖ 返回到 License Wizard 界面，粘贴复制的注册码，单击"下一步"按钮，如图A.27所示。

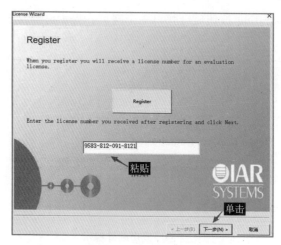

图 A.27　粘贴注册码

㉗ 在Confirm license details 界面中单击"下一步"按钮，如图A.28所示。

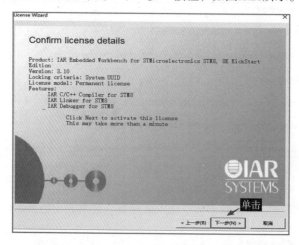

图 A.28　注册信息

㉘ 系统开始激活注册码，激活后会弹出注册码已激活界面，单击 Done按钮激活完成，如图A.29所示。

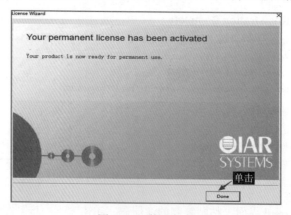

图 A.29　激活完成

㉙最后软件注册完成的界面如图A.30所示。

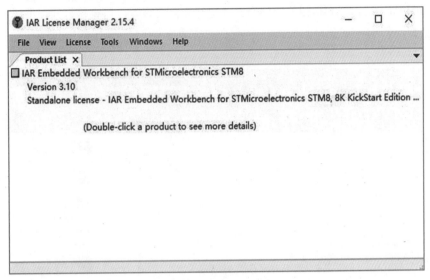

图 A.30　注册成功界面

三、软件的使用和配置

打开 IAR For STM8，在主界面中有一个 IAR Information Center for STMicroelectronics 界面，如图A.31所示。

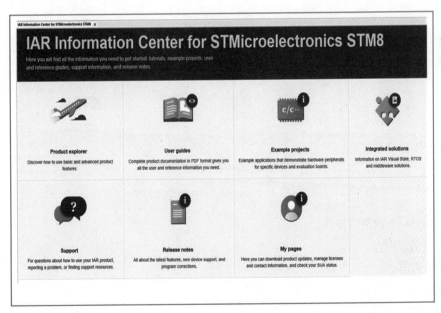

图 A.31　IAR Information Center for STMicroelectronics 界面

在 IAR Information Center for STMicroelectronics界面中有一个User guides，如图A.32所示，User guides是用户指南，里面的文档很详细地讲解了 IAR For STM8 的使用，同时还有一个Example projects，Example projects是STM8相关的例程，例程都来自ST官方，可直接打开。编译工具栏中各个工具的作用如下：

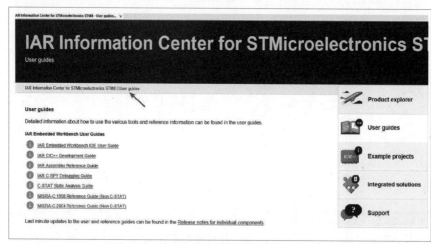

（a）User guides

（b）Example projects

图 A.32　User guides 和 Example projects

C：还原上一个取消的操作。

Q：寻找指定内容。

：替换内容。

：移动到指定位置。

：添加/删除一个书签。

：回到前一个界面。

：回到下一个界面。

：编译选中文档。

：编译当前工程。

：设置断点。

：下载&调试。

：只调试不下载。

：自定义添加/删除工具。

菜单栏中各个菜单的作用如下：

File：新建文档、打开文档、新建工作空间、打开工作空间。

Edit：剪切、复制、粘贴、注释。

View：工作空间、信息面板。

Project：新建工程、编译、下载&仿真。

Tools：IDE 配置、阅读器配置。

Window：关闭文档、关闭窗口、工具栏（显示/不显示）。

Help：内容、索引、寻找。

在菜单栏中选择 Tools→Options命令，打开 IDE Options 界，如图A.33所示。

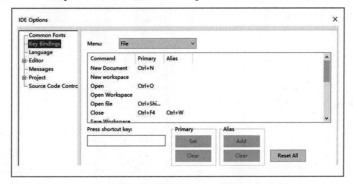

图 A.33　IDE Options 界面

单击 Editor 前面的+号，展开 Editor，选择 Colors and Fonts后进入图A.34所示界面。

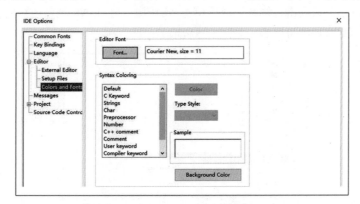

图 A.34　Colors and Fonts 界面

单击 Editor Font 选项组中的 Font按钮，选择编辑器的字体与字体大小，如图A.35所示。

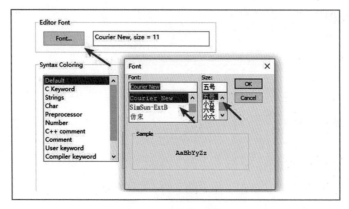

图 A.35　字体设置界面

在Syntax Coloring 选项组中设置语法的颜色，如数字Number的颜色为绿色，如图A.36所示。

当工程的 Options 选项中的 Debugger 的选项为 ST–LINK，则菜单栏中会出现 ST–LINK 选项，该选项可用于配置STM8单片机的选项字节（不同型号选项字节不一样）。使用ST-LINK的SWIM接口连接核心板。在菜单栏中选择 ST–LINK→Options Bytes命令，打开 Options Bytes界面，如图A.37所示。

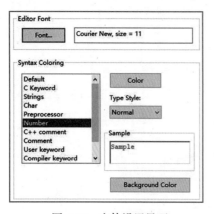

图 A.36　字体设置界面

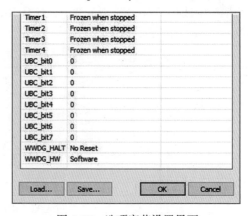

图 A.37　选项字节设置界面

选择需要修改的字节后右击，修改完成后单击 OK按钮，ST–LINK 把修改后的选项字节重新下载到单片机中，复位单片机后即可生效，如图A.38所示。

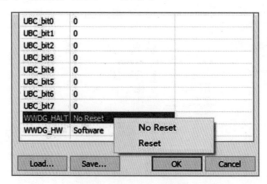

图 A.38　选项字设置

四、STM8L051F3 工程创建

下面介绍基于IAR For STM8的开发环境，运用STM8L15x-16x-05x-AL31-L_StdPeriph_Lib官方固件库，新建STM8L051F3工程，STM8L的标准固件库可以到 ST 的官方网站中找到并下载，下载地址：http://www.st.com/content/st_com/en/products/embedded-software/mcus-embedded-software /stm8-embedded-software/stsw-stm8016.html。

① 把下载的标准固件库解压并打开，可以看到里面有如图A.39所示的内容。

名称	修改日期	类型	大小
_htmresc	2014/10/23 1:09	文件夹	**图片文件夹**
Libraries	2014/10/23 1:09	文件夹	**标准外设库文件*******
Project	2014/10/23 1:09	文件夹	**官方示例例程文件*******
Utilities	2014/10/23 1:09	文件夹	**应用在官方评估板上额外的驱动代码**
MCD-ST Liberty SW License Agreeme...	2014/10/22 21:31	Foxit Reader PD...	18 KB **许可说明**
Release_Notes.html	2014/10/22 21:31	HTML 文件	77 KB **相关版本说明**
stm8l15x-16x-05x-al31-l_stdperiph_li...	2014/10/22 21:31	编译的 HTML 帮...	9,573 KB **标准外设库指南**

图 A.39　标准固件库

② 上图中带***星号的文件夹中的部分内容是新建工程所需要的，在建立工程之前，先在桌面上创建一个Demo 文件夹，并在文件夹中分别新建 Bsp、StdPeriph_Driver、User 三个文件夹，如图A.40所示。

Demo			
名称		修改日期	类型
Bsp **存放用户底层代码**		2018/2/1 14:59	文件夹
StdPeriph_Driver **存放外设驱动代码**		2018/2/1 14:59	文件夹
User **存放用户应用代码**		2018/2/1 14:59	文件夹

图 A.40　工程文件结构

③ Bsp 文件夹用于存放用户底层代码，如应用中的 LED、KEY等驱动代码。

StdPeriph_Driver 文件夹用于存放 STM8L 的外设驱动代码，将固件库文件中的 Libraries 文件夹下的 inc 与 src 文件夹复制到 Demo\StdPeriph_Driver\目录下，如图A.41所示。

Demo > StdPeriph_Driver >			
名称 **StdPeriph_Driver文件夹内容**		修改日期	类型
inc		2018/2/1 15:07	文件夹
src		2018/2/1 15:07	文件夹

图 A.41　放固件库的文件夹

④ User 文件夹存放用户应用代码，把固件库文件的 Project 文件夹下STM8L15x_StdPeriph_Template 文件夹下的 main.c、stm8l15x_conf.h、stm8l15x_it.c、stm8l15x_it.h 四个文件复制到 Demo\User\目录下，如图A.42所示。

图 A.42　User 文件夹内容

⑤ 打开 IAR，选择File→New Workspace 命令，新建一个工作空间，然后选择 Project→Create New Project 命令新建一个 Emptyproject 项目，命名为 Demo 并保存在 Demo 文件夹下，如图A.43 所示。

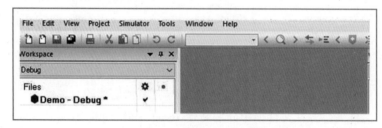

图 A.43　新建 Demo 工程

⑥ 右击 Demo–Debug，在弹出的快捷菜单中选择 Add→Add Group命令，分别给工程新建 Bsp、StdPeriph_Driver、User 三个组，如图A.44所示。

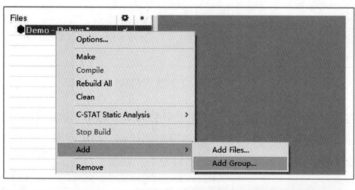

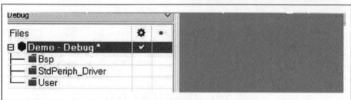

图 A.44　工程文件分组

⑦ 右击StdPeriph_Driver组，在弹出的快捷菜单中选择Add→Add Files命令，把 Demo 文件夹中 StdPeriph_Driver\src 下的 stm8l15x_gpio.c 添加进来（或将全部.c 文件添加进来）；右击 User 组，在弹

出的快捷菜单中选择 Add→Add Files命令，把 Demo 文件夹中 User 文件夹下的 main.c、stm8l15x_it.c 文件添加进来（添加之后会自动产生一个 Output 组），如图A.45所示。

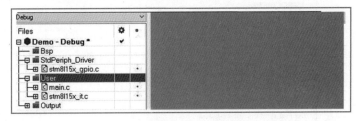

图 A.45　Demo 工程

⑧ 右击 Demo–Debug，在弹出的快捷菜单中选择 Options 命令，打开 Options 界面，如图A.46所示。

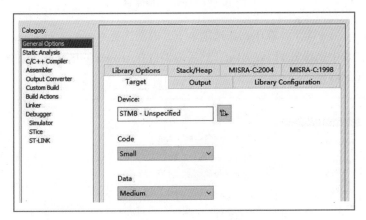

图 A.46　Demo 工程配置

⑨ 在 GeneralOptions 类下，在Target 选项卡中的 Device 下拉列表中选择 STM8L051F3，如图A.47所示。

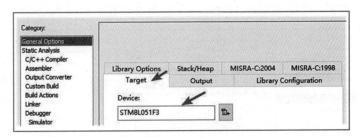

图 A.47　Demo 工程 Device 配置

⑩ 在C/C++ Compiler 类下，在Preprocessor 选项卡的 Additional include directories:（one per line）列表表框中，把Demo 文件夹下的三个路径（Bsp、StdPeriph_Driver\inc、User）添加进来，并改为相对路径，然后在 Defined symbols:（oneperline）列表框中添加 STM8L05X_LD_VL，如图A.48所示。

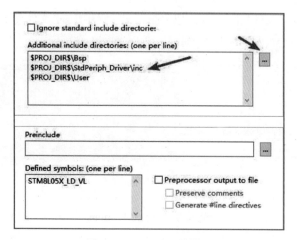

图 A.48　Demo 工程配置

⑪ 在 Output Converter 类下，在Output 选项卡下，取消选择 Generate additional output 复选框，在 Output format 下拉列表中选择 Intel extended，然后取消选择 Override default 复选框。配置此项可以生成.hex 文件，如图A.49所示。

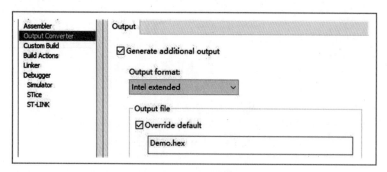

图 A.49　Demo 工程配置

⑫ 在 Debugger 类下，在Setup选项卡的Driver 下拉列表中选择 ST−LINK，如图A.50所示。

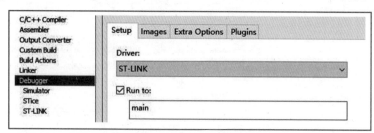

图 A.50　Demo 工程 Driver 配置

⑬ 单击 OK 按钮后再单击"编译"按钮，没有错误与警告。

⑭ 从官方固件库复制过来的文件是只读文件，需要把文件的权限改为读写，然后打开 main.c 文件并在函数中添加代码，实现点亮 LED1，如图A.51所示。

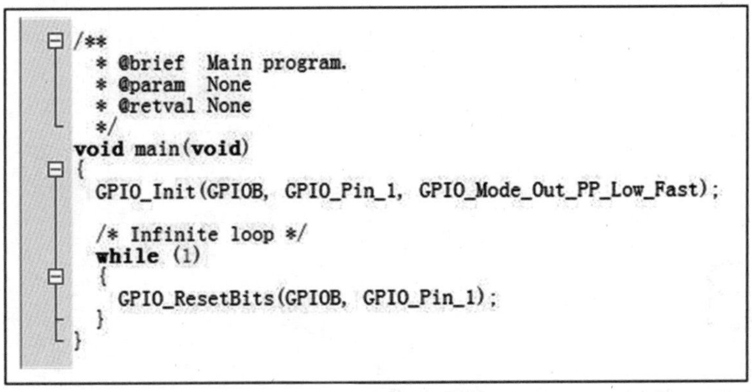

/**
* @brief Main program.
* @param None
* @retval None
*/
void main(void)
{
GPIO_Init(GPIOB, GPIO_Pin_1, GPIO_Mode_Out_PP_Low_Fast);
/* Infinite loop */
while (1)
{
GPIO_ResetBits(GPIOB, GPIO_Pin_1);
}
}

图 A.51　工程代码编写

修改完成后，连接板子与 ST-LINK，按 Ctrl+D 组合键，下载并仿真，然后单击“关掉仿真”按钮，就可以看到程序运行起来，LED1 亮。新建工程到此完毕，如图A.52所示。

Build
Messages
stm8l15x_gpio.c
stm8l15x_it.c
Linking
Demo.out
Output Converter
Total number of errors: 0
Total number of warnings: 0

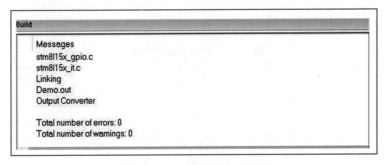

图 A.52　工程编译通过界面

项目工程文件建立完成。本书中的项目工程文件的建立过程，与此雷同。教材中不再详述。初学嵌入式学习的同学，建议先熟悉附录A的内容。

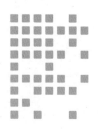

附录B
图形符号对照表

图形符号对照表见表B.1。

表 B.1　图形符号对照表

名称	国家标准的画法	软件中的画法
与门		
或非门		
二极管		
发光二极管		
按钮开关		
接地		
光电二极管		
电阻		
三极管		

参 考 文 献

[1] 杨烨. 嵌入式应用基础实践教程 [M]. 北京:清华大学出版社，2017.

[2] 沈建华，张超，李晋. MSP432系列超级低功耗ARM Cortex–M4微控制器原理与实践 [M]. 北京:
北京航空航天大学出版社，2017.